Konstruktionen aus dem Dampfturbinenbau

Sammlung von Konstruktionszeichnungen
für Technische Hochschulen und höhere Maschinenbauschulen sowie für Ingenieure und Techniker

von

Dr.-Ing. A. Loschge
o. Professor an der Technischen Hochschule München

und

Dipl.-Ing. K. Schnakig
Assistent am Laboratorium für Wärmekraftmaschinen
der Technischen Hochschule München

Mit 188 Abbildungen

Berlin
Verlag von Julius Springer
1938

Vorwort.

Die vorliegende Zusammenstellung von Konstruktionen aus dem Dampfturbinenbau, die sowohl vollständige Maschinen als auch die wesentlichsten Einzelteile umfaßt, ist im Laufe der Zeit entstanden für die Vorlesung und die Konstruktionsübung, die der Unterzeichnete über den Bau von Dampfturbinen an der Technischen Hochschule München zu halten hat. Die Skizzensammlung hat sich im Unterricht als sehr zweckmäßig und sogar als notwendig erwiesen, um in der zur Verfügung stehenden, nur knapp bemessenen Zeit das große Gebiet der Dampfturbinen ausreichend zu behandeln. Die Verlagsbuchhandlung Julius Springer hat sich auf meine Anregung hin in sehr dankenswerter Weise bereit gefunden, die Skizzensammlung herauszugeben. Mein Mitarbeiter, Herr Dipl.-Ing. Karl Schnakig, unternahm es dabei, die Zusammenstellung nochmals einer gründlichen Durchsicht zu unterziehen, um dem heutigen Stand der Turbinentechnik möglichst gerecht zu werden. Zur Erzielung eines möglichst geringen Verkaufspreises war man natürlich bei der großen Fülle der von der Turbinentechnik schon entwickelten Konstruktionen genötigt, sich auf eine Auswahl zu beschränken. Möge das Heft sich auch an anderen Hoch- und Fachschulen als nützlich erweisen!

München, im März 1938.

A. Loschge.

Inhaltsverzeichnis.

A. Axialturbinen.

	Seite
I. Düsen und Leitschaufeln	1
II. Leiträder (Zwischenböden)	3
III. Laufschaufeln	4
IV. Schaufelbefestigungen und Schaufelschlösser	6
V. Abdichtungen an Schaufeln	7
VI. Nabenabdichtungen (Innenstopfbüchsen)	7
VII. Entwässerung an der Niederdruckschaufelung	8
VIII. Läufer	
a) Radscheiben und ihre Befestigung	9
b) Trommeln	10
IX. Außenstopfbüchsen	11
X. Lager und Lagerstuhl a) Traglager	13
b) Drucklager	14
c) Lagerstuhl	15
XI. Kupplungen und Getriebe	16
XII. Gehäuse	17
XIII. Fundamentrahmen	21
XIV. Regelung	22
XV. Regelungseinzelheiten	25
XVI. Kleinturbinen	28
XVII. Kondensationsturbinen mittlerer und großer Leistung	30
XVIII. Gegendruck- und Vorschaltturbinen	39
XIX. Entnahmeturbinen	42
XX. Schiffsturbinen	47

B. Radialturbinen.

	Seite		Seite
XXI. Ljungströmturbine (Gegenlaufturbine)	49	XXII. Siemens Einfach-Radialturbine	52

Alle Rechte vorbehalten.

A. Axialturbinen.
I. Düsen und Leitschaufeln.

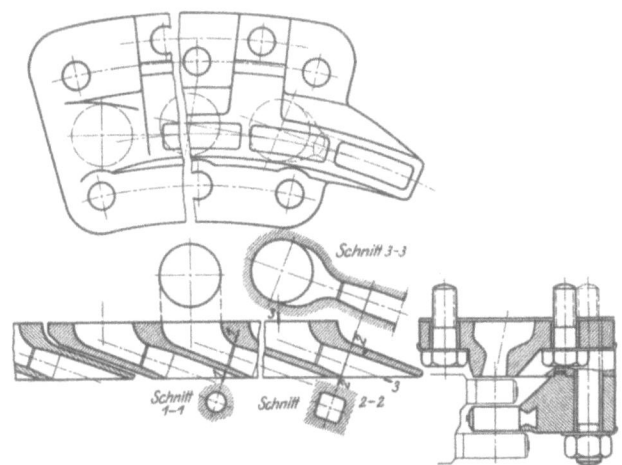

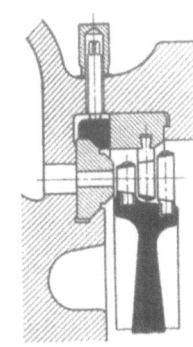

Abb. 3. **Befestigung der Düsensegmente** (s. Abb. 2) im Gehäuse (BBC).

Abb. 1. **Gegossene Düsen** (AEG). Vorteil: Einfache Herstellung. Nachteil: Schlechte Bearbeitbarkeit, deshalb größere Reibungsverluste.

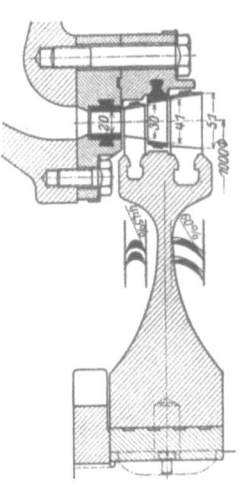

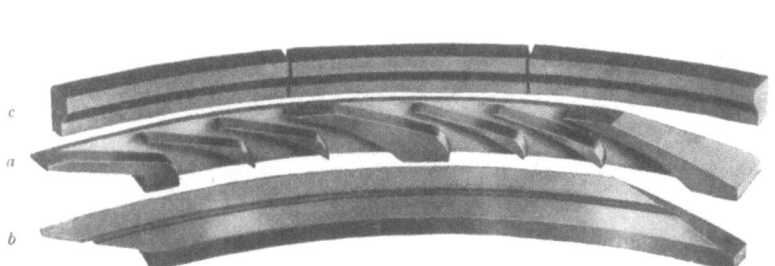

Abb. 2. **Gefräste Düsen** (BBC) allseits bearbeitet. Die Düsenkanäle sind in entsprechende Segmente a aus Nickelstahl eingefräst und durch einen Deckring b geschlossen, der durch ein Druckstück c angepreßt wird (s. auch Abb. 3). Bei hohen Drücken und Temperaturen arbeitet BBC die Segmente mit den Frischdampfdüsen **einteilig** aus dem Vollen heraus, um Leckverluste durch Spalte, die bei den zusammengesetzten Düsen auftreten können, zu vermeiden (s. auch BBC-Nachrichten 1937, S. 145).

Abb. 4. **Gebaute Düse** mit Curtisrad (AEG). Düsen (aus dem Vollen gefräst, ähnlich Abb. 11) in einem besonderen Düsenträger mit schwalbenschwanzförmigen Füßen eingesetzt.

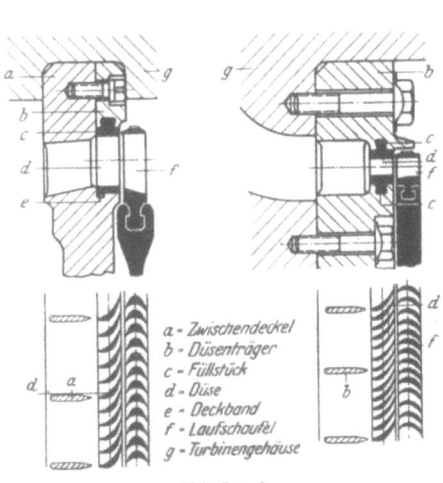

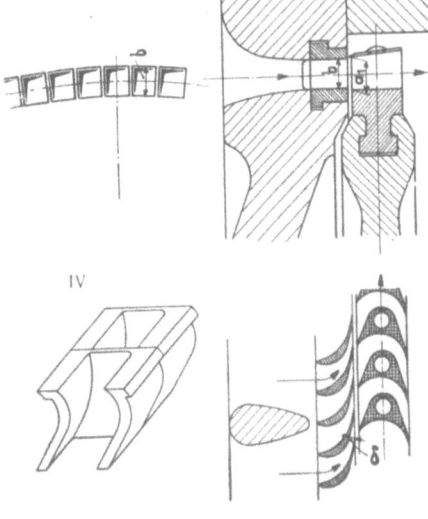

Abb. 5 u. 6.

Abb. 7.

Abb. 5, 6, 7, 8. **Leiträder mit gebauten Düsen.** Allseitig bearbeitete Leitradschaufeln (Düsen) in eigene Düsenträger (Abb. 5 u. 6 AEG) eingeschoben oder direkt im Leitrad befestigt (Abb. 7 EWC und Abb. 8 BBC); Verbindung des äußeren Leitradringes mit der Leitradscheibe durch Gußstege (tropfenförmig) vor jeder 4. oder 5. Schaufel (Abb. 5, 6, 7) oder durch eingegossene Blechschaufeln vor jeder Schaufel (Abb. 8), so daß die wirklichen Leitradschaufeln fast keine Kräfte zu übertragen haben. Geschlossener Austritt des Dampfstrahls, weil Verengung durch die kurzen Kanäle mit dünnen Wandstärken (Abb. 5, 6, 7) gering.

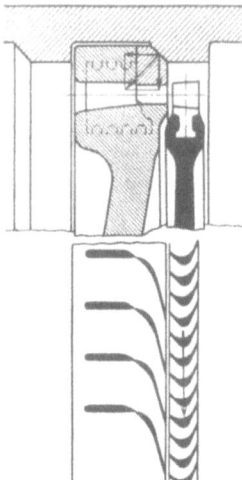

Abb. 8 (s. hierzu Abb. 5—7).

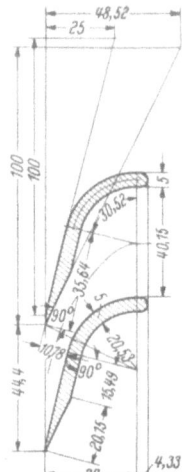 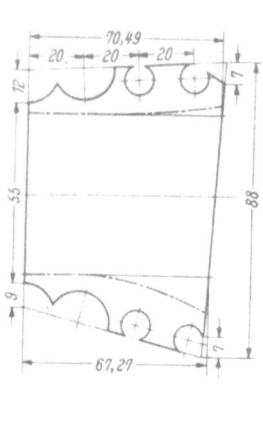

Abb. 9. **Blechleitschaufeln (AEG)**; im Zwischenboden eingegossen, deshalb zur besseren Bindung Aussparungen am Blech; Abrunden der Eintrittskante; Zuschärfen der Austrittskante; Anwendung nur bei größeren Schaufellängen.

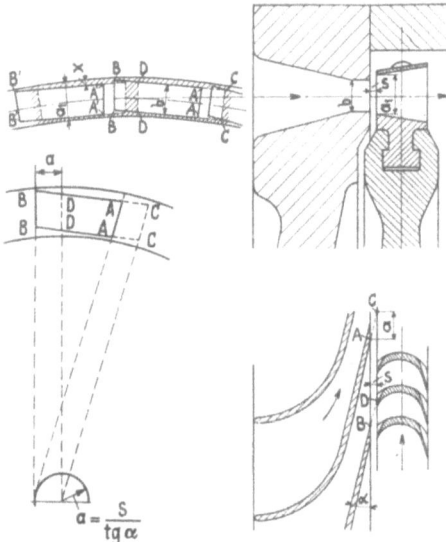

Abb. 10. **Leitrad mit eingegossenen Blechschaufeln (EWC).** Man beachte die schräggestellten Leitradkanäle A—A, B—B, so daß bei gerader Kanalachse der Dampfstrahl nach Durchströmen des Spaltes s mit seinen Begrenzungslinien C—C, D—D sich den radial gestellten Schaufeln gut anpaßt. Die Schrägstellung der Leitradaustrittskanten A—A, B—B ergibt sich aus der links unten gezeigten Konstruktion.

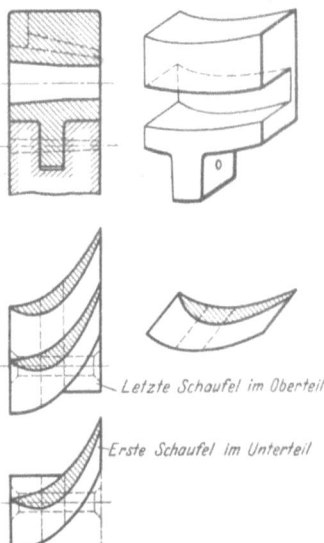

Abb. 11. **Gefräste Leitschaufeln (EBM, MAN).** Die Schaufelstücke sind mit ihrem etwas konischen Fuß in die Leitradscheiben eingesetzt und vernietet; äußerer Leitradkranz durch den Kopf der Schaufeln gebildet; diese Ausführung vor allem geeignet für Vielstufenmaschinen (nach Bauart Brünn). Die strichpunktierte Linie in der linken oberen Figur zeigt einen Überlastkanal (s. auch Abb. 13).

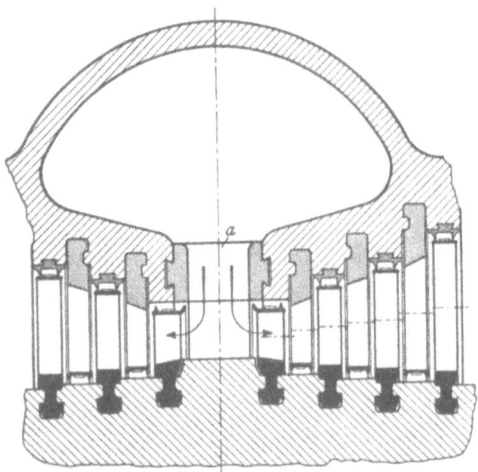

Abb. 12. **Erster Leitschaufelkranz** a einer Doppelstromturbine mit radialer Dampfströmung (Krupp). Nach Vorschlag von Prof. Flügel zur Verkürzung der axialen Baulänge.

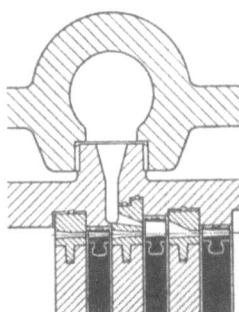

Abb. 13. **Überlastdüse (EBM)** aus dem Vollen herausgearbeitet, ähnlich Abb. 11. Eine Trennung der beiden mit verschiedenen Geschwindigkeiten strömenden Dampfstrahlen findet in der folgenden Laufschaufel nicht statt.

II. Leiträder (Zwischenböden).

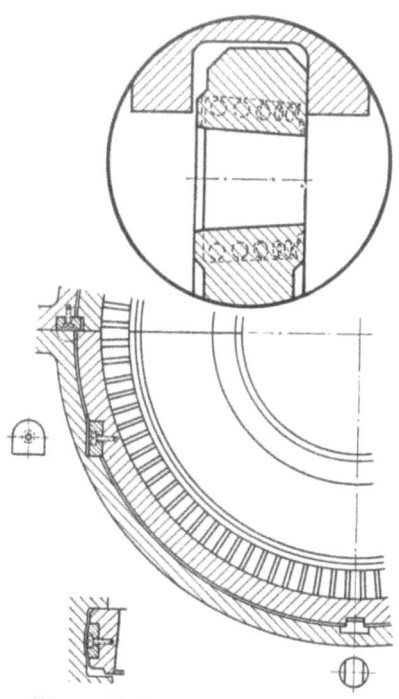

Abb. 14. **Zweiteiliger Zwischenboden mit eingegossenen Leitblechen** (AEG); Befestigung der Scheiben im Gehäuse durch Federkeile, so daß die Scheiben sich frei ausdehnen können und ihre Lage doch genau festgelegt ist.

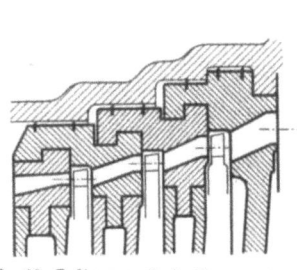

Abb. 18. **Leitapparatbefestigung** (EWC); die Leiträder sind hier zur Gewinnung einer größeren Festigkeit gegenseitig verklammert; nur das letzte Leitrad einer solchen Gruppe ist mit Spiel durch Federkeile (vgl. Abb. 14) im Gehäuse gehalten. Zur Abdichtung zwischen Leiträder und Gehäuse sind Messingbleche angewendet.

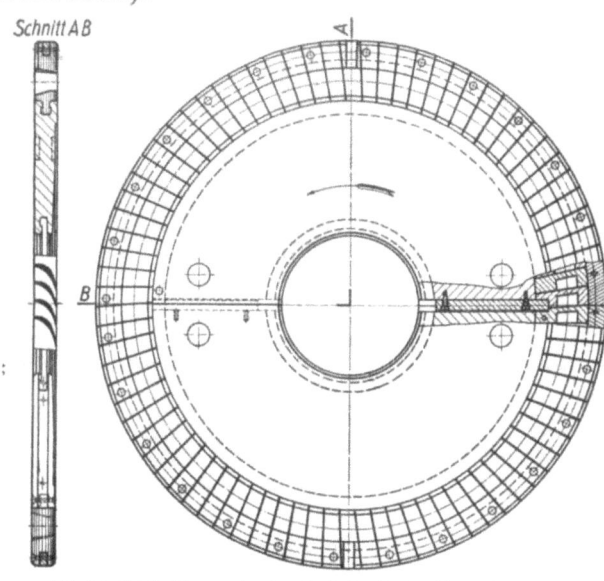

Abb. 15. **Zweiteiliger gebauter Zwischenboden** für mehrstufige Hochdruckturbine mit Einstückläufer (AEG).

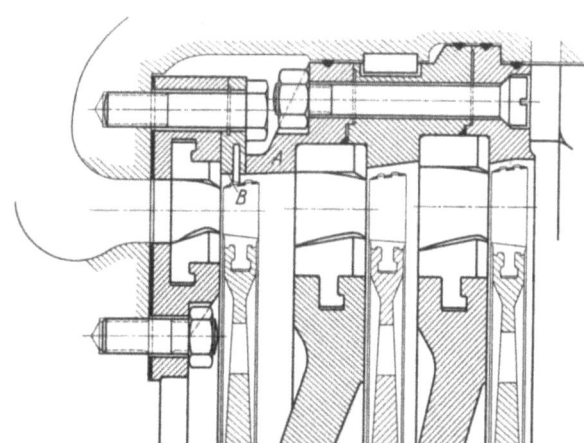

Abb. 19. **Leitradbefestigung** (Wumag) durch äußere Ringe, die mit Schrauben gehalten sind; Ringbefestigung wie bei Abb. 14; Vermeidung von Wärmespannungen durch den mit einer tiefen Eindrehung versehenen nachgiebigen Ring B; zur Abdichtung zwischen Leiträdern und Gehäuse Asbestschnüre oder auch Kupferdrähte, die in Nuten liegen, benützt.

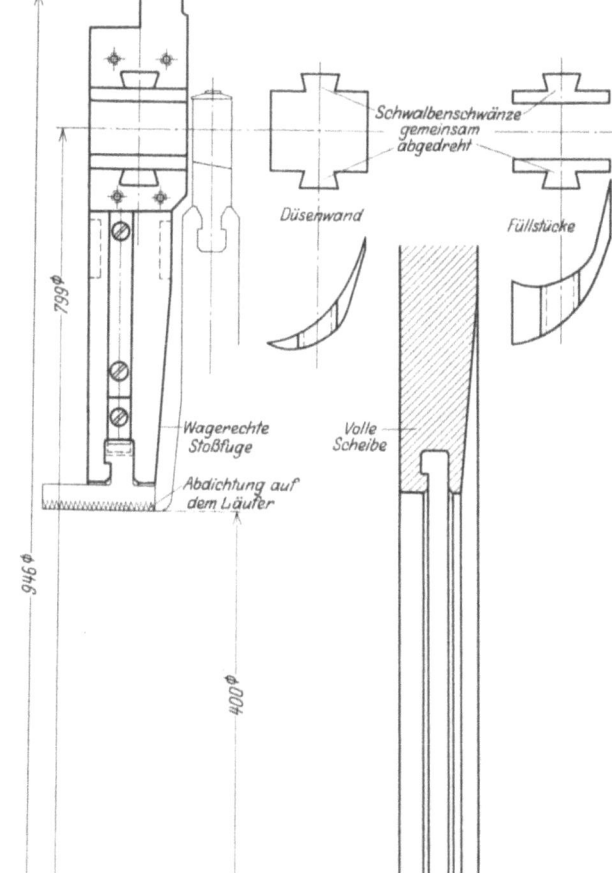

Abb. 16. **Zweiteiliger gebauter Zwischenboden** mit Düsenwänden und Füllstücken (AEG); nur für kleine Druckunterschiede, sonst Ausführung nach Abb. 15.

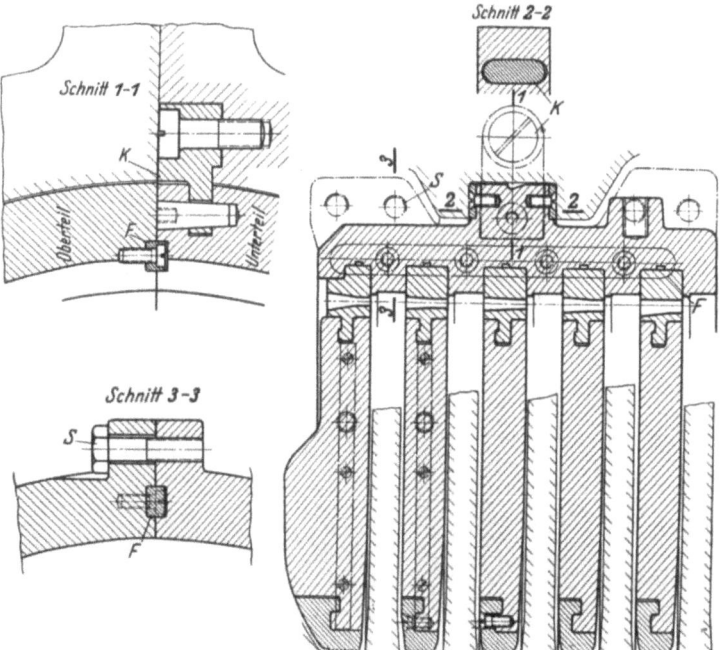

Abb. 17. **Leitapparatbefestigung** (EBM); mehrere Leiträder werden in einem zweiteiligen Einsatz befestigt, dessen äußerer Bund in eine Eindrehung im Gehäuse eingesetzt wird, so daß sich der Einsatz frei ausdehnen kann.

III. Laufschaufeln.

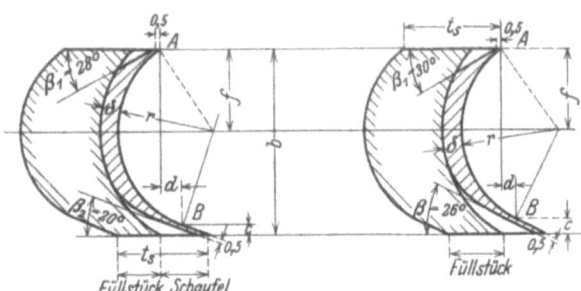

Abb. 20. **Blechschaufeln (Zoellyschaufeln)**; gleichbleibende Stärke, nur Eintritts- und Austrittskante zugeschärft. Vorteil: Einfache Herstellung; Nachteil: Strahlerweiterung in der Mitte des Kanals.

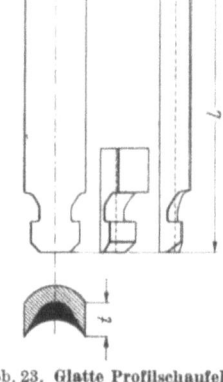

Abb. 23. **Glatte Profilschaufel mit Zwischenstück**; wegen des geschwächten Fußes nur für geringere Beanspruchungen.

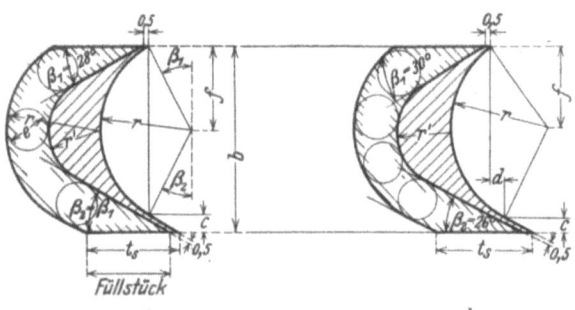

Abb. 21a und b. **Profilschaufeln (Stockschaufeln)**; Mitte verstärkt, damit (Abb. 21a) Strahlstärke e unverändert bleibt, wenn $\beta_1 = \beta_2$, oder (Abb. 21b) e ständig abnimmt, wenn $\beta_1 < \beta_2$; Anwendung vor allem im Hochdruckteil von Gleichdruckturbinen.

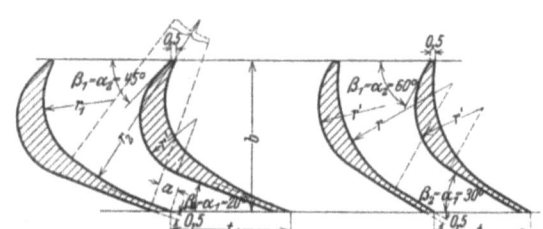

Abb. 22. **Überdruckschaufeln**; gestrecktere Form wegen der sehr verschiedenen Ein- und Austrittswinkel; bei halbem Reaktionsgrad Leit- und Laufschaufeln gleiches Profil.

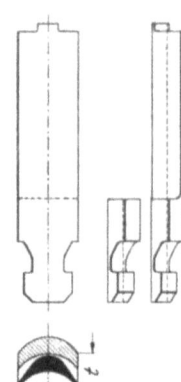

Abb. 24. **Profilschaufel mit verstärktem Fuß und Zwischenstück** für mäßig hohe Beanspruchungen.

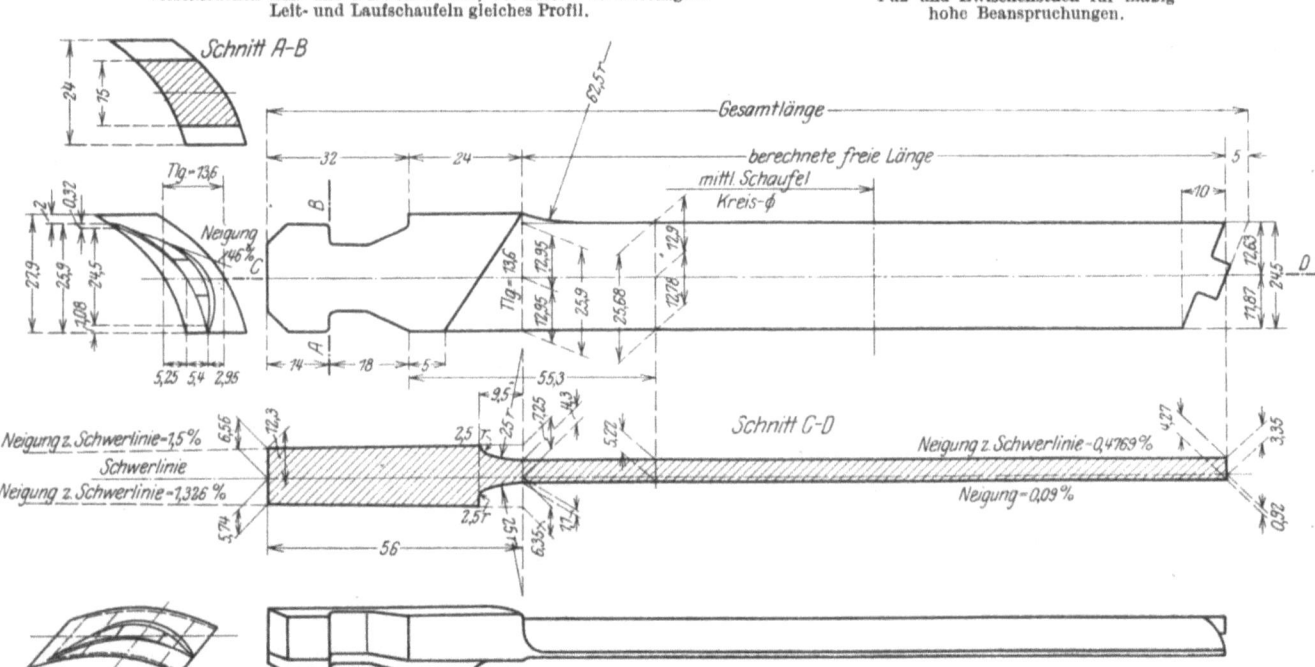

Abb. 25. **Füllstücklose Laufschaufel (AEG)** mit gleichbleibender Schaufelstärke längs des Schaufelkanals für höhere Beanspruchungen.

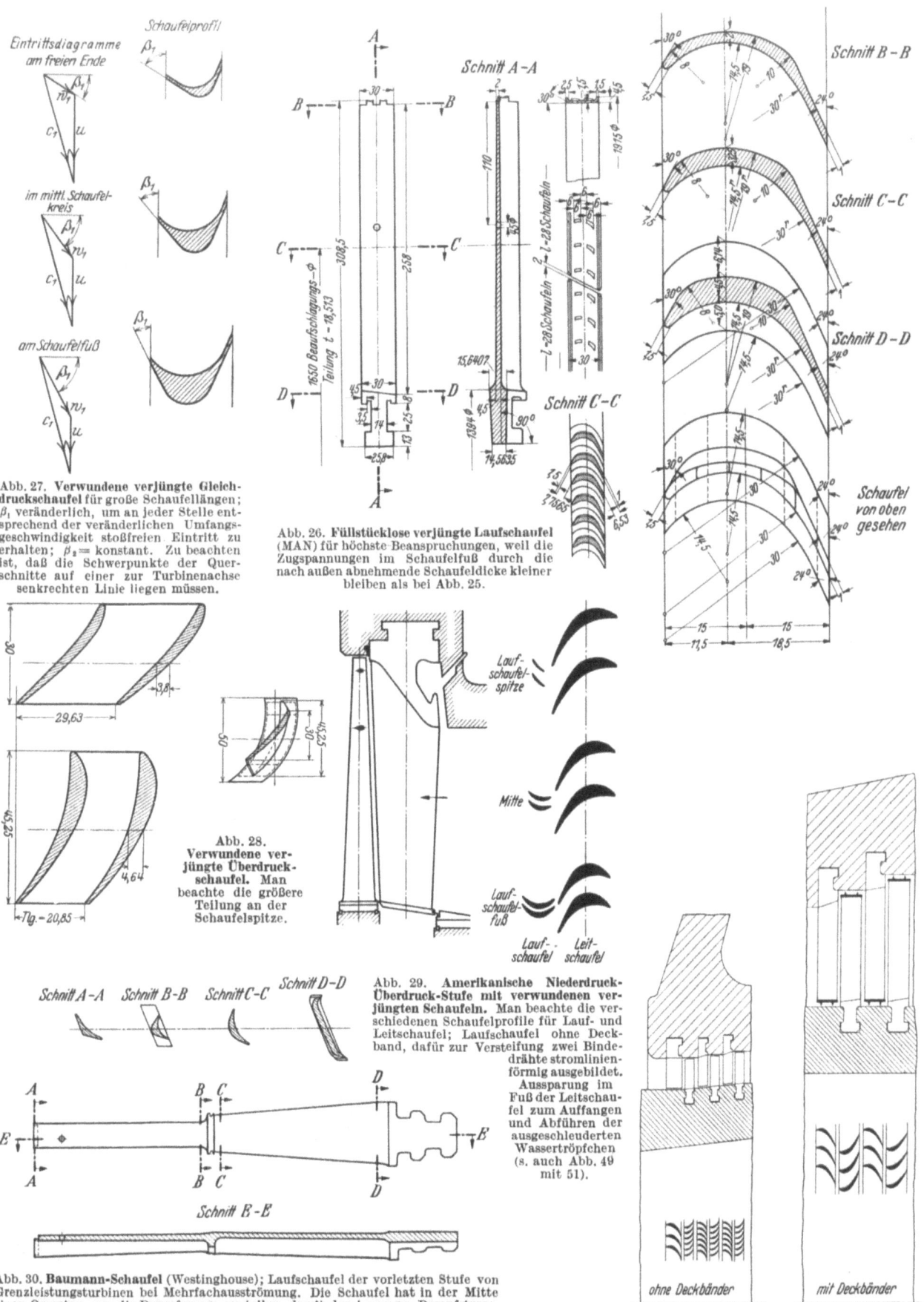

Abb. 27. **Verwundene verjüngte Gleichdruckschaufel** für große Schaufellängen; β_1 veränderlich, um an jeder Stelle entsprechend der veränderlichen Umfangsgeschwindigkeit stoßfreien Eintritt zu erhalten; $\beta_2 =$ konstant. Zu beachten ist, daß die Schwerpunkte der Querschnitte auf einer zur Turbinenachse senkrechten Linie liegen müssen.

Abb. 26. **Füllstücklose verjüngte Laufschaufel** (MAN) für höchste Beanspruchungen, weil die Zugspannungen im Schaufelfuß durch die nach außen abnehmende Schaufeldicke kleiner bleiben als bei Abb. 25.

Abb. 28. **Verwundene verjüngte Überdruckschaufel.** Man beachte die größere Teilung an der Schaufelspitze.

Abb. 29. **Amerikanische Niederdruck-Überdruck-Stufe mit verwundenen verjüngten Schaufeln.** Man beachte die verschiedenen Schaufelprofile für Lauf- und Leitschaufel; Laufschaufel ohne Deckband, dafür zur Versteifung zwei Bindedrähte stromlinienförmig ausgebildet. Aussparung im Fuß der Leitschaufel zum Auffangen und Abführen der ausgeschleuderten Wassertröpfchen (s. auch Abb. 49 mit 51).

Abb. 30. **Baumann-Schaufel** (Westinghouse); Laufschaufel der vorletzten Stufe von Grenzleistungsturbinen bei Mehrfachausströmung. Die Schaufel hat in der Mitte einen Quersteg, um die Dampfmenge zu teilen, damit der innere Dampfstrom, der nach der Baumann-Schaufel noch höheren Druck hat, mit gutem Wirkungsgrad in einer weiteren letzten Stufe ohne unzulässig lange Schaufeln voll expandieren kann, während der äußere Dampfstrom schon in der Baumann-Schaufel bis auf den Kondensatordruck entspannt wird (s. Abb. 140).

Abb. 31 u. 32. **Ausbildung des Schaufelkanals** (SSW) bei Ausführung von Schaufeln mit und ohne Deckband.

IV. Schaufelbefestigungen und Schaufelschlösser.

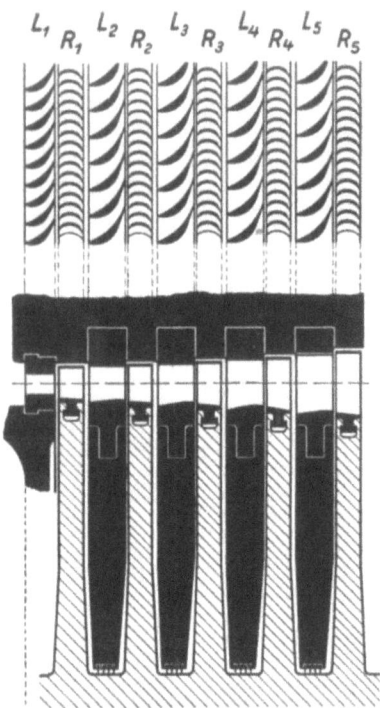

Abb. 33. **Beschaufelung bei geringer Reaktion nach Brünn (MAN)**; Läufer aus dem Vollen; Scheibenbreite gleich Schaufelbreite sowohl im Leit- als auch im Laufrad, dadurch kurze Baulänge.

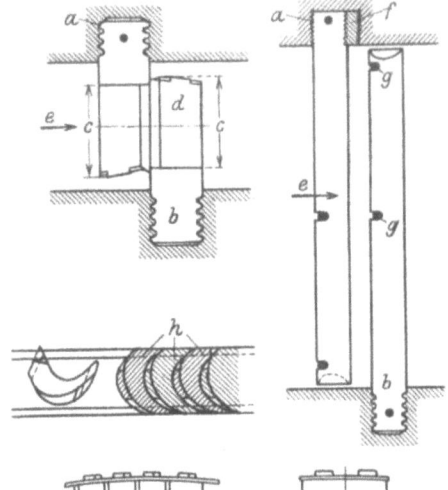

Abb. 34 u. 35. **Überdruckstufen** (C. A. Parsons). *a* Leitschaufel, *b* Laufschaufel, *d* Kupferdeckband, *f* verzahnte Paßstücke aus Kupfer, *g* Versteifungsdrähte aus Stahl mit Silber verlötet, *h* Zwischenstücke. Spaltabdichtung axial mittels vorstehender Deckbänder (Abb. 34) bzw. radial durch Zuschärfen der Schaufelenden (Abb. 35).

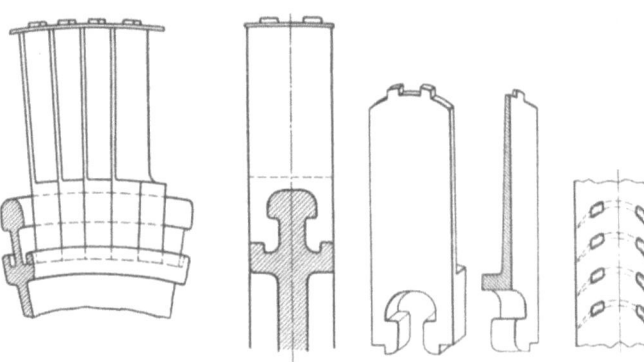

Abb. 36. **Laufschaufel der Bergmann-Werke.**

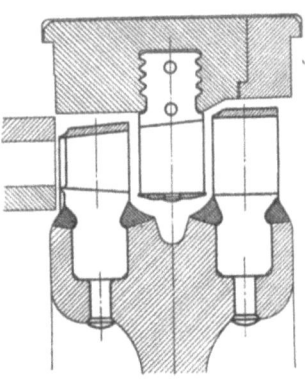

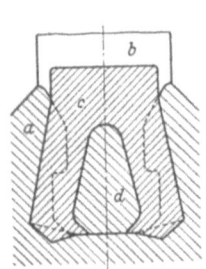

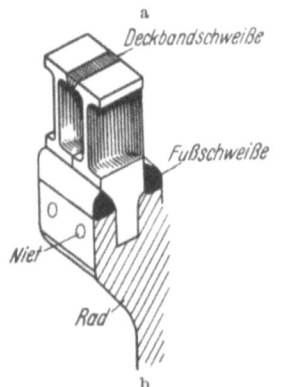

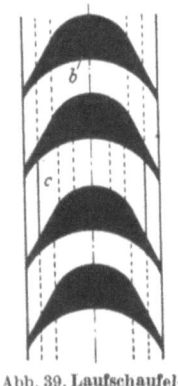

Abb. 37 a—q. **Schaufelfüße.** *a, b, c* für Leitschaufeln oder für Laufschaufeln mit geringer Fliehkraftbeanspruchung; *d, e, f, g, h* für Laufschaufeln mit mittlerer und hoher Beanspruchung; *i, k, l, m, n, o, p, q* für Laufschaufeln mit sehr hoher Zentrifugalbeanspruchung. *c* Schwalbenschwanzbefestigung. *f, g, h* Hammerkopf; *i, m* doppelter Hammerkopf, *k* Reiterfuß, *d, l, n, o* Sägezahnbefestigung, *p, q* Tannenzapfen-Reiterfuß. Bei *a, b, c* Nut allgemein in glattes Schaufelprofil eingefräst; Vorteil: Einfache Herstellung; *d* glattes Schaufelprofil mit angestauchtem Fuß, den die Zwischenstücke, die mit Nasen versehen sind und in entsprechende Rillen des Kranzes eingreifen, halten. Vorteil: Keine Schwächung des Schaufelquerschnitts, einfache Herstellung. *e* gefräste Schaufel, Fuß mit konischem Stift vernietet; *f, g, h, k* Nut bei kleinen Beanspruchungen in Profilstab eingefräst, bei höherer Belastung Schaufel am Fuß verdickt (Schaufel aus dem Vollen gefräst), so daß eine Schwächung des tragenden Querschnittes unterbleibt; *i, l, m, n, o, p, q* Ausführung nur mit verstärkten Füßen als füllstücklose Schaufeln. Man beachte die Spiele, die zur Erleichterung der Einpaßarbeiten und mit Rücksicht auf die ungleich rasche Erwärmung der Schaufeln und des Läufers angewendet werden.

Abb. 38 a u. b. **Gleichdruckregelradbeschaufelung bei Temperaturen über 450° C (BBC).** Schaufeln im Deckstück miteinander verschweißt, sowie am Fuß mit dem Rad vernietet und verschweißt. Vorteil: Fortfall von Einfüllöffnung und Schlußstück, Beschaufelung und Rad eine Einheit mit gutem Wärmeausgleich und Verhinderung jeder Lockerung der Schaufeln im Rad.

Abb. 39. **Laufschaufelschloß (AEG).** *a* Schaufelträger, *b* Laufschaufel, *c* Kupferreiter, *d* Stahlkeil; Aussparung zum Einbringen der Schaufelfüße; nach der Beschaufelung wird der Reiter über den Stahlkeil gehämmert, so daß er die ganze Aussparung ausfüllt.

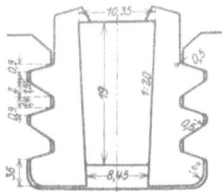
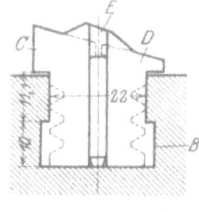
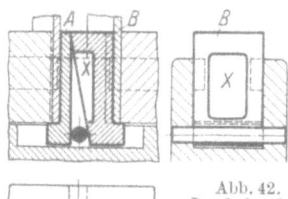
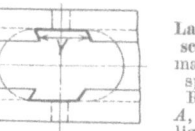

Abb. 40. **Laufschaufelschloß** (SSW); Kranz ohne Aussparung, weil Schaufeln durch Verdrehen eingeführt werden können. Schlußstück dreiteilig; keilförmiger Mittelteil wird durch Umnieten der Seitenteile gehalten.

Abb. 41. **Laufschaufelschloß** (BBC); im Kranz Aussparung von der Breite eines Laufschaufelfußes mit der Erweiterung B; Schlußstück dreiteilig C, D, E; C und D passen in die Aussparung und werden durch E in ihrer Lage gehalten, während E wieder durch Umnieten der Nasen an C und D gehalten wird.

Abb. 42. **Laufschaufelschloß** (Wumag); Y Aussparung im Radkranz; A, B zweiteiliges Schlußstück; X Aussparung in Teil B zur Gewichtsverminderung; A und B greifen unter die benachbarten Schaufeln und werden durch den im Kranz verstemmten Stift in ihrer Lage gehalten.

V. Abdichtungen an Schaufeln.

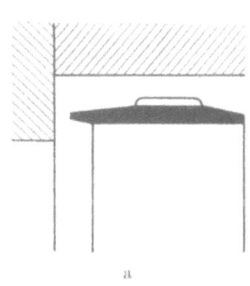
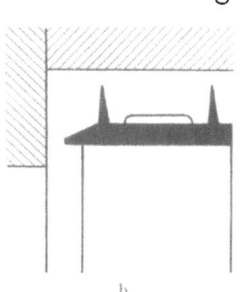
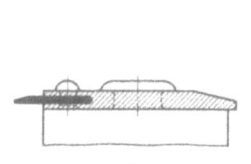
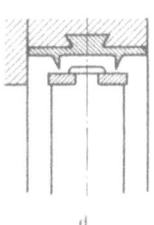

Abb. 43 a—d. **Abdichtungen an Schaufelenden.** a Deckband für axiale Abdichtung, b Deckband für axiale und radiale Abdichtung, c Deckband mit eingenietetem Kupferstreifen (0,8 mm stark) für axiale Dichtung (English Electric), d gerades Deckband; radiale Abdichtung durch Einsatz im Gehäuse (Krupp).

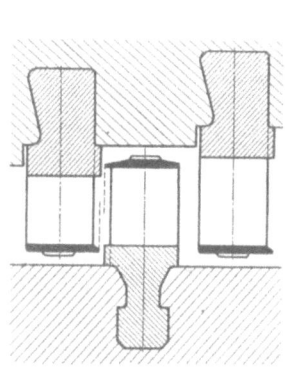
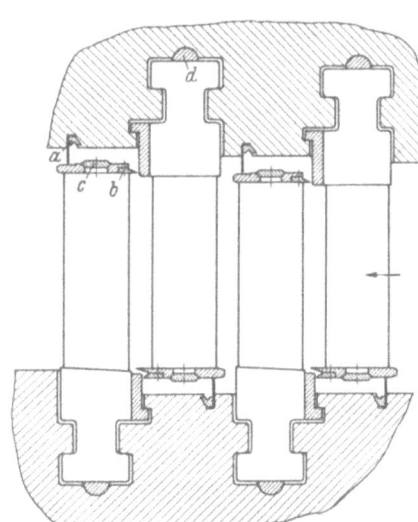

Abb. 44. **Axiale Dichtung** an den Schaufeln für Überdruckturbinen durch vorstehende Deckbänder und verbreiterte Füllstücke.

Abb. 45. **Abdichtungen an Überdruckstufen** (Westinghouse), a Abdichtungsstreifen im Gehäuse bzw. Läufer eingestemmt, b Abdichtungsstreifen auf Deckband aufgenietet, c Deckband verschweißt mit Schaufeln, d kurzes Stemmstück aus weichem Schmiedeeisen, das eingetrieben einen vollkommen festen Sitz des Schaufelfußes bewirkt. Vorteil: Ausgezeichnete Abdichtung ohne Gefährdung des Läufers, denn bei evtl. Ausschlägen schleifen sich nur die sehr dünnen Streifen zu. Nachteil: Teuere Herstellung; bei der Montage muß der Läufer etwas verschoben werden, weil die Deckbänder übereinandergreifen.

VI. Nabenabdichtungen (Innenstopfbüchsen).

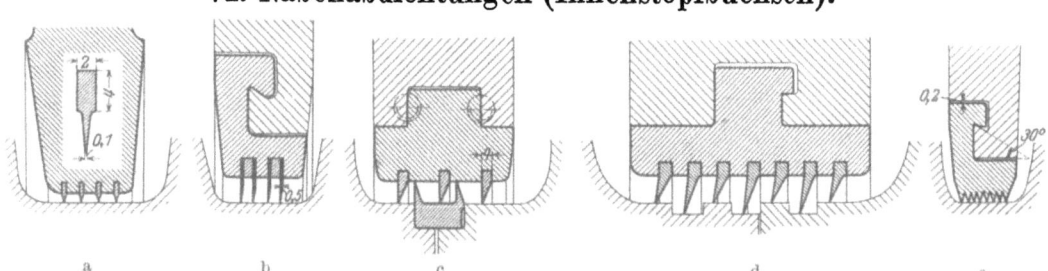

Abb. 46. **Nabendichtungen**; Messing oder Nickelbronzeringe direkt in die Leitradscheiben eingestemmt (a) oder aber in besondere Büchsen (b, c, d) oder Kämme direkt in Gußeisenbüchse eingedreht (e Brünn); Radnaben allgemein glatt (a, b, e) oder aber mit eingedrehten (d) oder besonders eingesetzten (c) Kämmen.

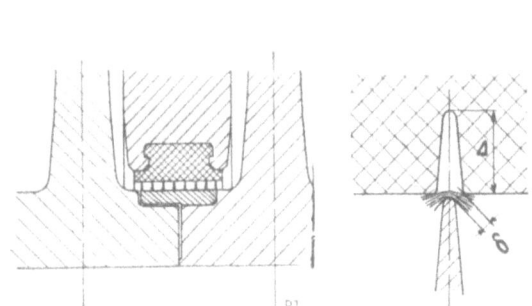
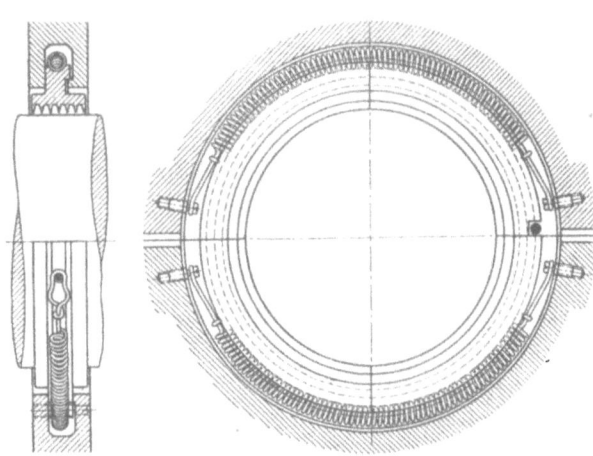

Abb. 47. **Kohlering-Nabendichtung** (EWC); Kohlering fest eingesetzt in Zwischenboden; Stahlbüchse mit Spitzen fest auf einer Laufradnabe; Vorteil: Abdichtung ohne Spiel möglich; Nachteil: Gefahr des Abbröckelns von Kohleteilchen. Bei Wellenausschlägen von der Größe $\varDelta$ ist nachher der wirksame Spalt nur δ.

Abb. 48. **Nabendichtung** (GEC); **nachgiebig;** Kammring wird in den Zwischenboden eingesetzt und durch 2 Federn leicht an die Nabe angedrückt; untere Feder etwas stärker angespannt, um Nabe vom Gewicht der Ringe zu entlasten.

VII. Entwässerung an der Niederdruckschaufelung.

(Siehe hierzu auch Abb. 29, 62, 137, 147.)

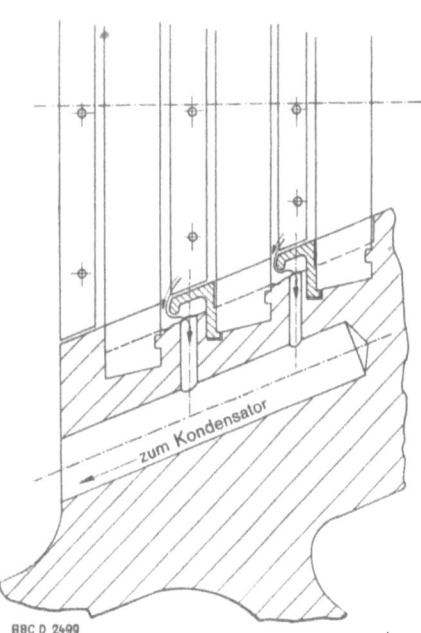

Abb. 49. **Entwässerung** (BBC); Einsätze gegenüber den Kopfenden der Laufschaufeln im Niederdruckgehäuse bilden Ringkanäle, welche die ausgeschleuderten Wassertröpfchen sammeln; durch Bohrungen Absaugen des Wassers in den Kondensator.

Abb. 51. **Zwischendeckel mit Entwässerungskanälen** (EWC). *a* Entwässerungsbohrungen, verteilt über den Umfang, verbunden mit dem Kondensator, *b* Staubleche an jeder Bohrung.

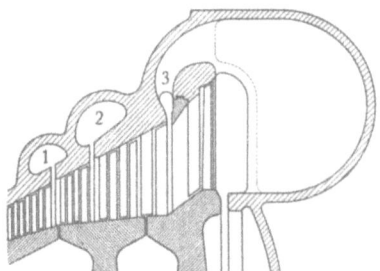

Abb. 50. **Wasserableitvorrichtung an Grenzdampfturbinen** (BBC). Ein Teil des Dampfes wird mit dem darin enthaltenen Wasser am äußeren Umfang vor der letzten Stufe bei 3 abgeführt; Nachteil: Dampfverlust.

VIII. Läufer.
a) Radscheiben und ihre Befestigung.

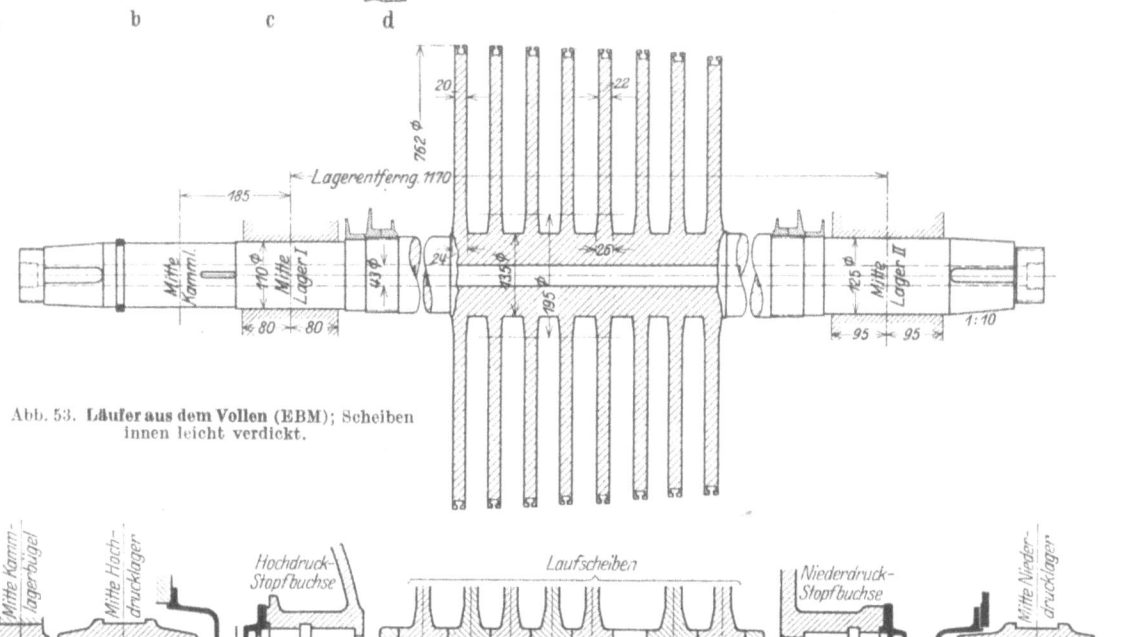

Abb. 52 a—d. **Scheibenformen für verschiedene Umfangsgeschwindigkeiten.**
a Scheiben gleicher Dicke mit Welle aus einem Stück für Umfangsgeschwindigkeiten bis etwa 120 m/sec; b Scheiben nach innen zu etwas verdickt mit Welle aus einem Stück für Umfangsgeschwindigkeiten bis etwa 150 m/sec; c aufgesetztes Rad mit verhältnismäßig geringer Scheibenverdickung und größerer Nabenlänge für mäßige Umfangsgeschwindigkeiten von etwa 150—180 m/sec; d aufgesetztes Rad mit starker Verdickung nach innen für hohe Umfangsgeschwindigkeiten; Grenze heute etwa bei 320 m/sec bei 3000 U/Min.

Abb. 53. **Läufer aus dem Vollen (EBM);** Scheiben innen leicht verdickt.

Abb. 54. **Läufer mit aufgesetzten Scheiben (EWC);** die Laufscheiben liegen gegen einen mittleren Bund und sind durch Muttern in axialer Lage gesichert (s. auch Abb. 58).

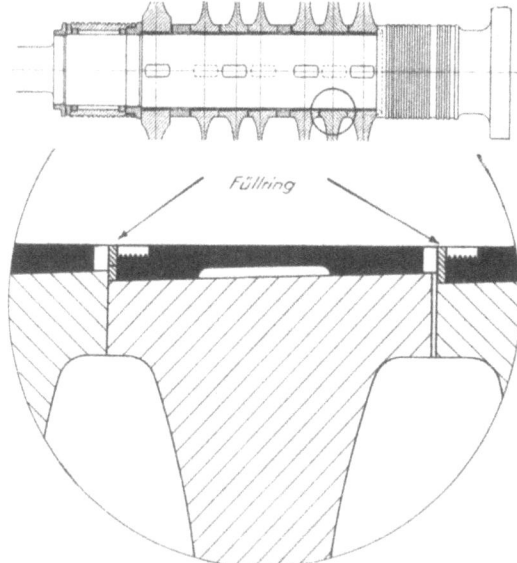

Abb. 55. **Laufradbefestigung mittels Konus (AEG);** die Scheibe wird mit der geschlitzten konischen Büchse auf die Welle aufgepreßt; Abziehen der Scheibe mittels einer Abziehvorrichtung, die in das Gewinde der Aussparung an der Büchse eingedreht wird.

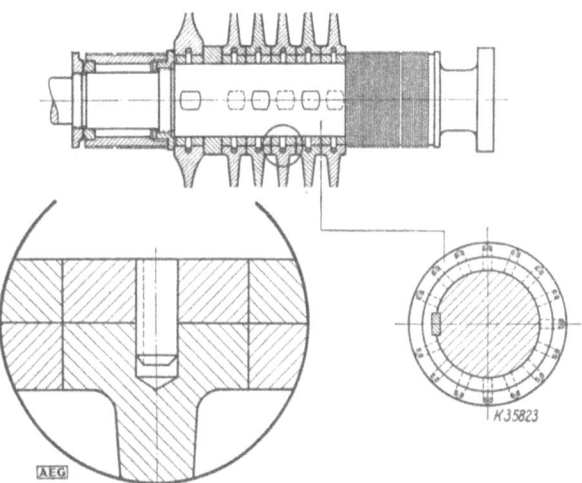

Abb. 56. **Befestigung von Radscheiben durch radiale Bolzen,** insbesondere für hohe Temperaturen und große Umfangsgeschwindigkeiten (AEG). Durch diese Anordnung ist es unmöglich, daß sich die Scheibe gegen die Welle bewegt, selbst wenn die Schrumpfspannung beim Anwärmen oder durch Zentrifugalbelastung zu Null werden und die Scheibe sich von der Büchse abheben sollte, denn das Drehmoment wird über die Dübel auf die Büchse und von der durch einen Keil gesicherten Büchse auf die Welle übertragen. Man braucht deshalb mit der Schrumpfspannung nicht so hoch zu gehen wie bei den anderen Scheibenbefestigungen.

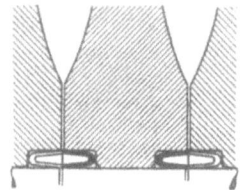

Abb. 57. **Laufradbefestigung durch elastische U-förmige Ringe** (BBC), zu starke Beanspruchung durch Schrumpfspannung wird vermieden; die Ringe sind radial federnd aber steif gegen exzentrische Kräfte.

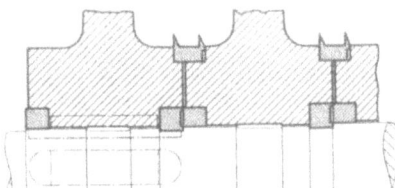

Abb. 58. **Laufradbefestigung durch Tragringe** (Wumag); das Rad sitzt auf zwei besonderen Ringen, die geschlitzt sind, wobei der eine kolbenringartig in eine Eindrehung in der Welle eingreift und so axialen Halt gibt (s. auch Abb. 54).

b) Trommeln.

Über Bauarten von Trommeln siehe auch die Abb. 137, 140, 142, 143, 148, 155, 160.

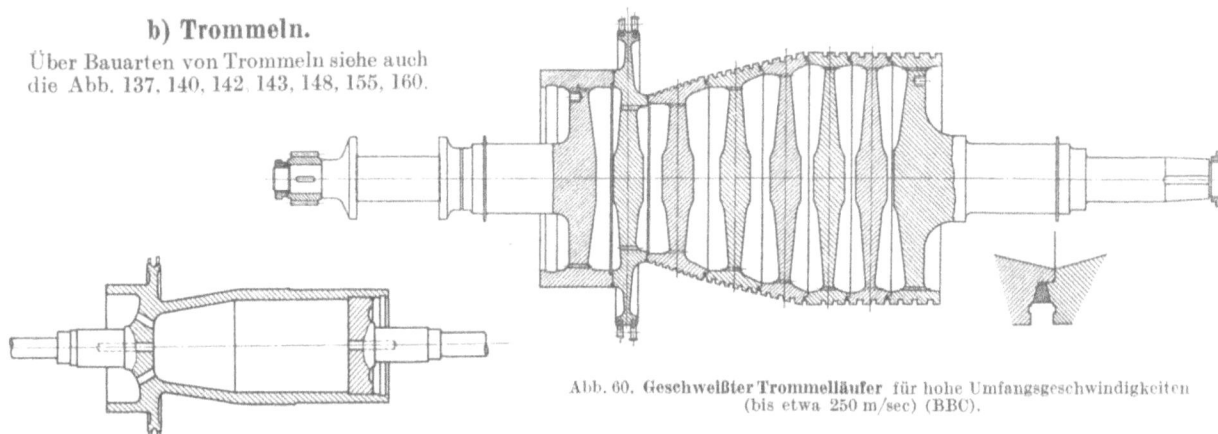

Abb. 60. **Geschweißter Trommelläufer** für hohe Umfangsgeschwindigkeiten (bis etwa 250 m/sec) (BBC).

Abb. 59. **Hohltrommel** für Umfangsgeschwindigkeiten bis etwa 120 m/sec (BBC); Welle am Hochdruckende, Ausgleichkolben und Curtisrad mit Trommel aus einem Stück; Niederdruckende auf hinteren Wellenstumpf aufgeschrumpft. BBC wendet diese Bauart nur mehr für Turbinen kleiner Leistung (bis etwa 3000 kW) an.

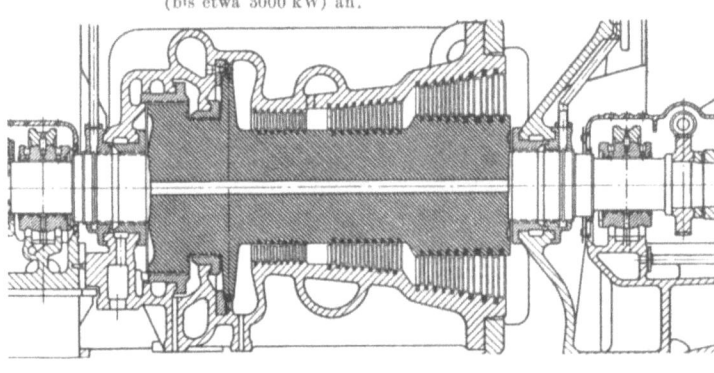

Abb. 61. **Volltrommel** (SSW); großes Gewicht aber sichere Ausführung; Mittelbohrung, um Material im Innern des Läufers prüfen zu können; zweistufiger Ausgleichkolben wegen stark abgestufter Trommel.

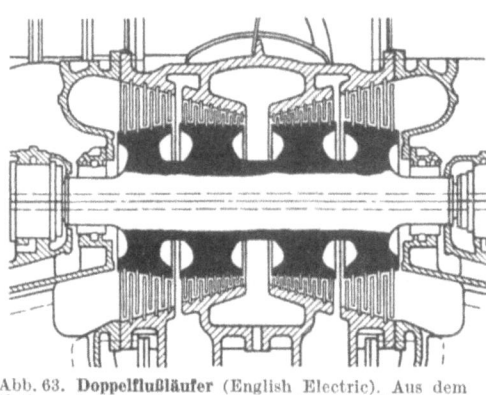

Abb. 63. **Doppelflußläufer** (English Electric). Aus dem Vollen gefertigter Trommelläufer mit tiefen Eindrehungen bis fast auf den Wellendurchmesser, um möglichst gleichmäßige Erwärmung des Läufers zu erreichen.

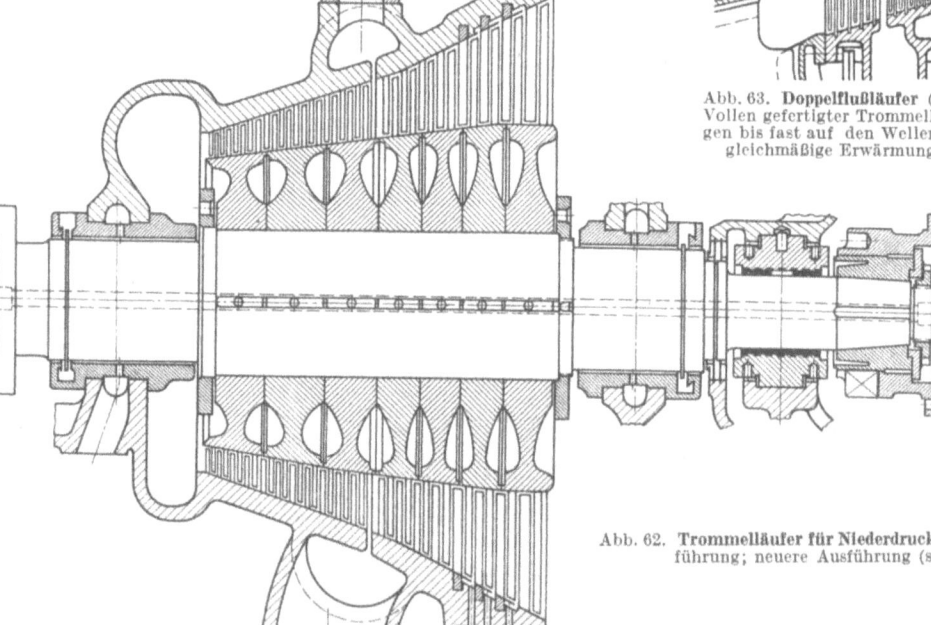

Abb. 62. **Trommelläufer für Niederdruck** (BBC), ältere Ausführung; neuere Ausführung (s. Abb. 143).

IX. Außenstopfbüchsen.

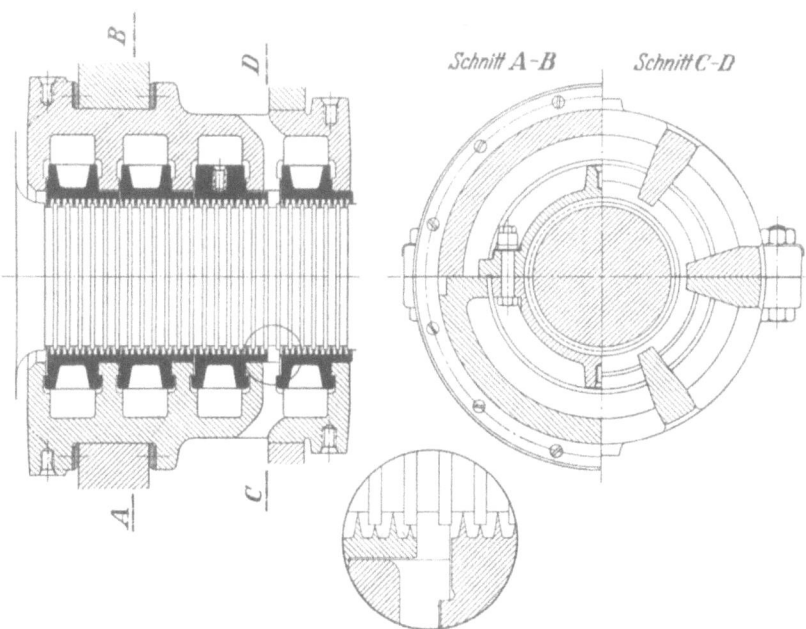

Abb. 64. **Labyrinthstopfbüchse (AEG)**; zweiteilige Ringeinsätze aus Nickelbronze mit schmalen bis auf 0,1 mm am Ende zugeschärften Spitzen, die zwischen und auf den Kämmen der Welle dichten; die Ringeinsätze sitzen noch in einem besonderen Stopfbüchsengehäuse zur Erleichterung des Einbaues.

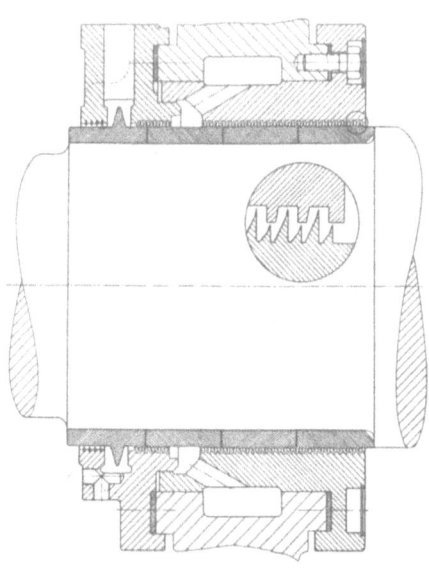

Abb. 66. **Labyrinthstopfbüchse (SSW)**; die abdichtenden Spitzen sind auf einer Büchse, die auf der Welle sitzt, angebracht, während die Kämme in den Gehäuseeinsatz eingedreht sind, um beim Streifen der Spitzen die Reibungswärme von der Welle fernzuhalten, so daß diese nicht einseitig erwärmt wird.

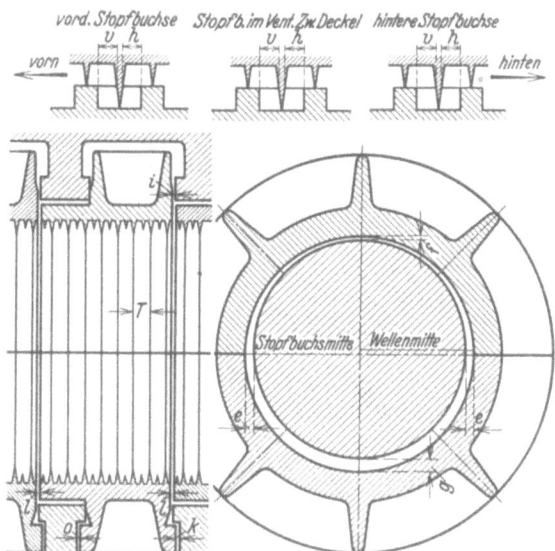

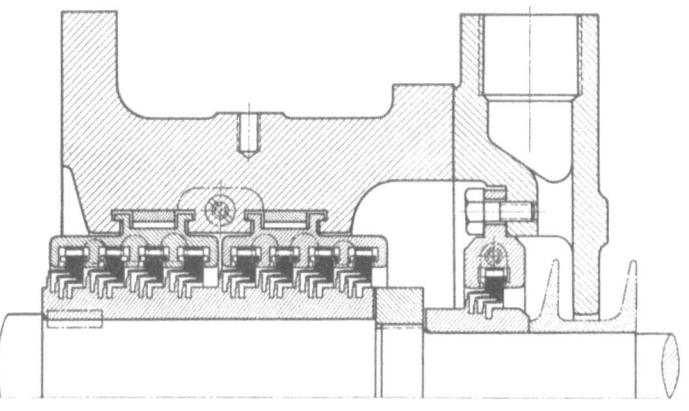

Abb. 68. **Labyrinthstopfbüchse** für die Austrittsseite einer Hochdruckturbine (Metro Vickers); viele Dichtungsstellen auf engem Raum; nachgiebig.

Abb. 65. **Einstellung von Labyrinthstopfbüchsen (AEG)**; vordere Stopfbüchse = Hochdruckstopfbüchse; hintere Stopfbüchse = Niederdruckstopfbüchse. Die Richtung „vorn" bedeutet „auf das Wellendrucklager zu", die Richtung „hinten" bedeutet „vom Wellendrucklager weg". Wellendrucklager auf der Hochdruckseite angeordnet.

Stopfbüchse	Teilung	Axialspiele		Radialspiele			Einbauspiele			
	T mm	v mm	h mm	e mm	f mm	g mm	v mm	i mm	k mm	l mm
Beispiel: Eingehäusige Kondensationsturbine 25 000 kW, 3000 U/Min.										
Hochdruck	6+3	2,5	2,5	0,3	0,2	0,4	0,5	0,3	0,8	0,4
Niederdruck	8+4	4,5	2,5	0,3	0,3	0,3	0,5	0,3	0,8	0,4

Anmerkung: **Kraft** gibt für eine eingehäusige Gegendruckturbine von 2400 kW, 3000 U/Min die gleichen Werte an.

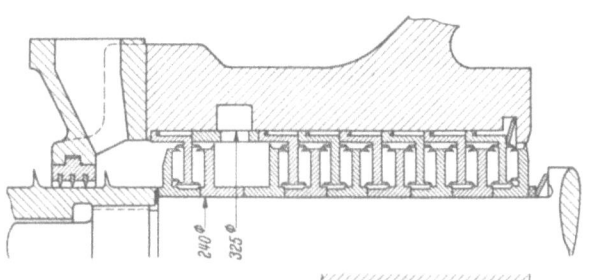
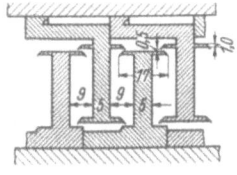

Abb. 70. **Hochdruckstopfbüchse (MAN)**; radial abdichtend; elastisch; ähnlich der Stopfbüchse der Ljungströmturbine (s. Abb. 178); bei der Montage müssen die Ringe bzw. Einsätze mit den Dichtungsringen einzeln nacheinander eingeschoben werden.

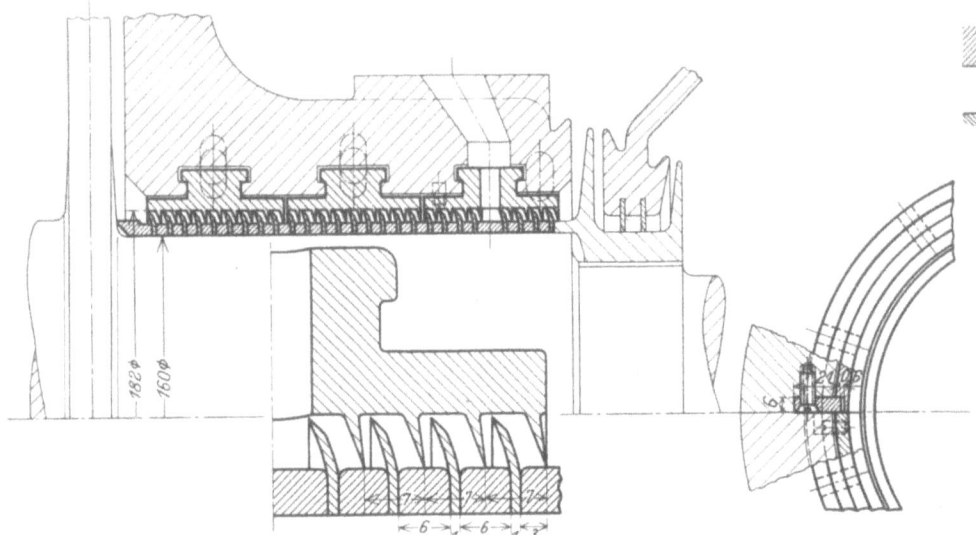

Abb. 67. **Labyrinthstopfbüchse** (EBM); nachgiebig durch die schrägstehenden Dichtungsringe, die sowohl im Einsatz wie auf der Welle angebracht sind; die Kämme auf der Welle sind aus Messing und werden durch Stahlringe gehalten; die Einsätze sind wie die Leiträder im Gehäuse befestigt.

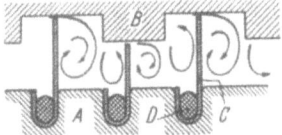

Abb. 71. **Labyrinthdichtung** (BBC) für Stopfbüchsen und Ausgleichkolben. A Welle, B Stopfbüchsenschale, C Dichtungsstreifen aus Nickel oder rostfreiem Stahl, D Stemmdraht.

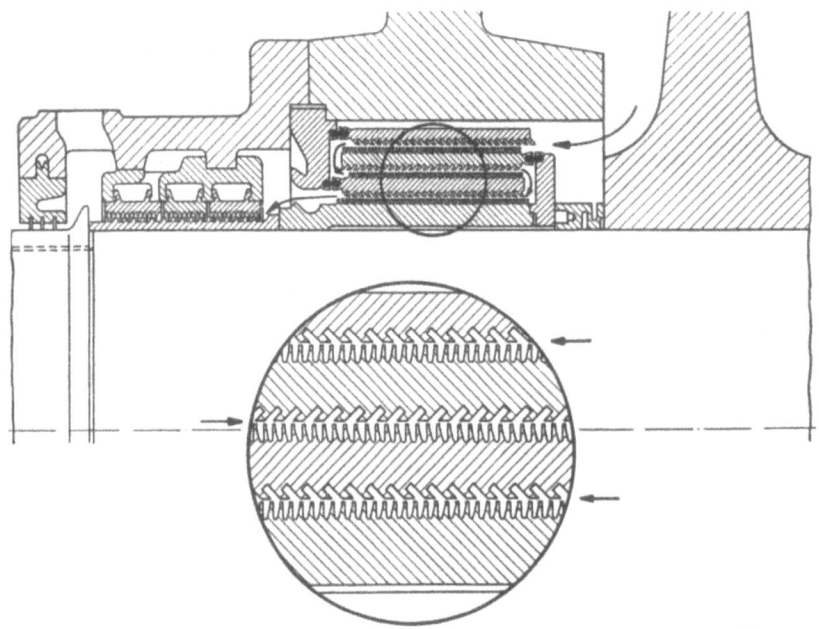

Abb. 69. **Hochdruckstopfbüchse** mit axial und radial hintereinanderliegenden Labyrinthen (GEC); um die Stopfbüchse kurz zu halten, sind mehrere Gruppen radial hintereinandergeschaltet; Ringe nachgiebig nur an einer Seite gehalten; sehr empfindlich wegen der großen freitragenden Länge und der kleinen Spiele.

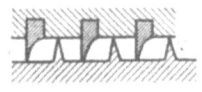

a

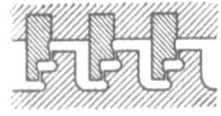

b

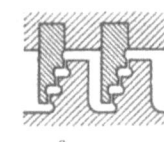

c

d

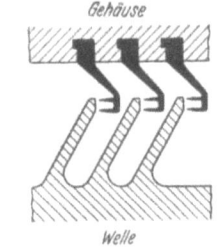

e

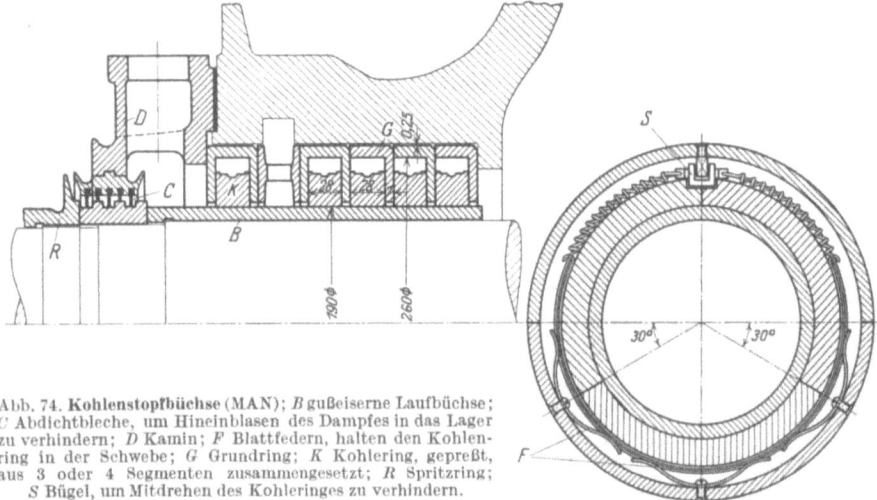

Abb. 74. **Kohlenstopfbüchse** (MAN); B gußeiserne Laufbüchse; C Abdichtbleche, um Hineinblasen des Dampfes in das Lager zu verhindern; D Kamin; F Blattfedern, halten den Kohlenring in der Schwebe; G Grundring; K Kohlering, gepreßt, aus 3 oder 4 Segmenten zusammengesetzt; R Spritzring; S Bügel, um Mitdrehen des Kohleringes zu verhindern.

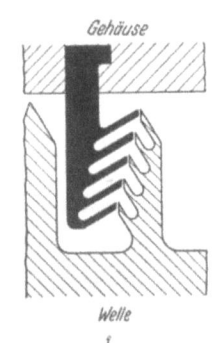

f

Abb. 72a—f. **Dichtungseinzelheiten**; Dichtungsringe aus Messing oder Nickellegierung; a radialabdichtend; b und c axialabdichtend; d radial und axial abdichtend; e und f axialdichtend, elastisch (Westinghouse bzw. Metro Vickers) (ältere Ausführung).

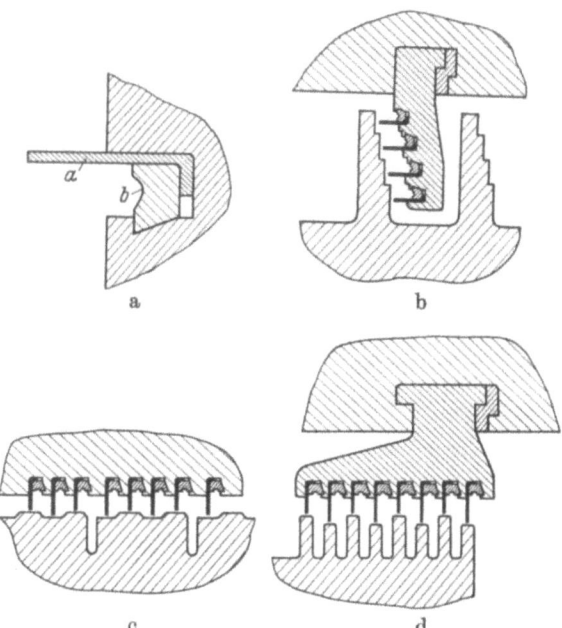

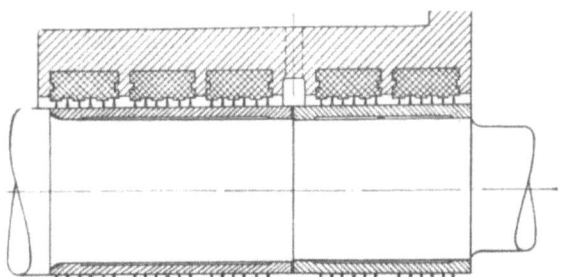

Abb. 77. **Kohlelabyrinthstopfbüchse** (EWC); auf die Welle sind gezackte Büchsen aufgezogen, während in das Stopfbüchsengehäuse gekehlte Kohlenringe eingebaut sind; zwischen Zacken und Kohle besteht beim Einbau kein Spiel (s. auch Abb. 47).

Abb. 73 a—d. **Dichtungseinzelheiten** für Stopfbüchsen mit axialer und radialer Dichtung (Westinghouse).

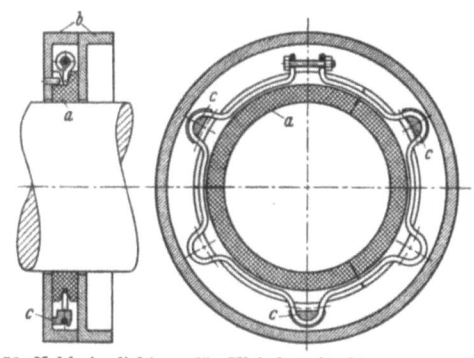

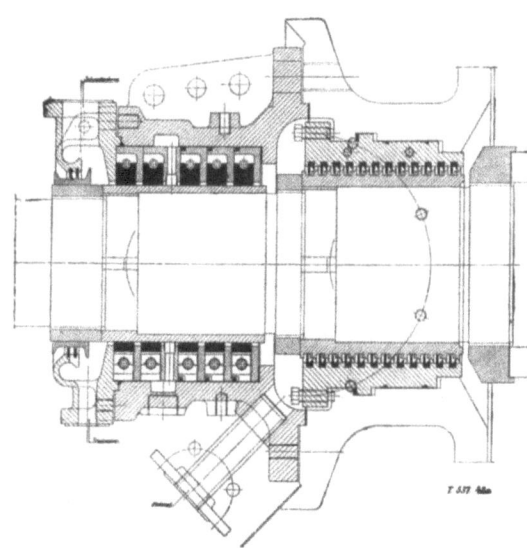

Abb. 75. **Kohleringdichtung für Kleindampfturbinen** (Kühnle, Kopp & Kausch) *a* Kohlering; *b* Ringkammer; *c* Metallfüße, die sich in der Ringkammer axial abstützen.

Abb. 76. **Labyrinth-Kohlering-Stopfbüchse** (Wumag). Diese kombinierte Ausführung, die bei hohen Dampfdrücken angewandt wird, hat einerseits den Vorteil einer sehr hohen Dichtheit, andererseits den der guten Zugänglichkeit zu den empfindlicheren Kohleringen. Die Ringe bestehen aus 3 Segmenten und werden durch eine sie umspannende Schraubenfeder gehalten.

X. Lager und Lagerstuhl.

a) Traglager.

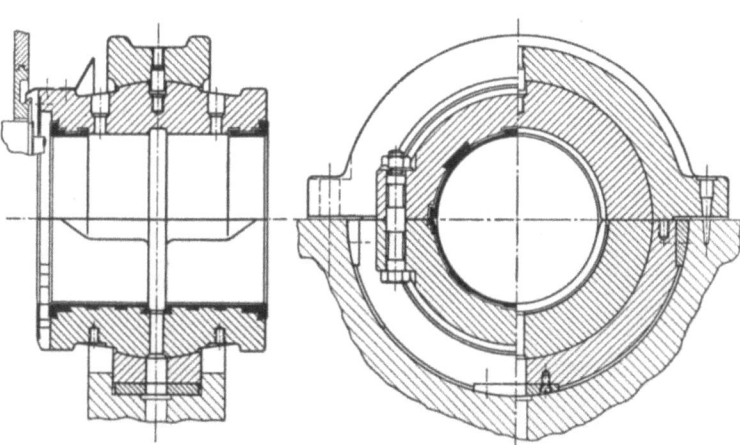

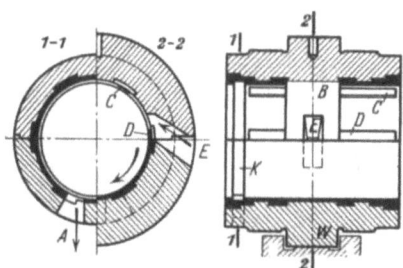

Abb. 78. **Traglager** (SSW); das Öl wird von unten in die Ringnut eingeführt und verteilt sich durch die Aussparung in der Teilfuge der Lagerschalen über die ganze Lagerbreite; kugelig gelagerte Lagerschalen.

Abb. 79. **Lagerschalen** (BBC); zylindrische Lagerung durch den Wulst W, jedoch auf einer schmalen Auflage, so daß die Lagerschalen trotzdem den Bewegungen der Welle nachgeben können; das Schmieröl tritt bei E in den Raum B ein, verteilt sich bei C und D über den Zapfen und läuft bei A ab. Der Ring K (bei einfachem Lager auf beiden Seiten) soll das seitliche Spritzen des Öles aus dem Lager verhindern.

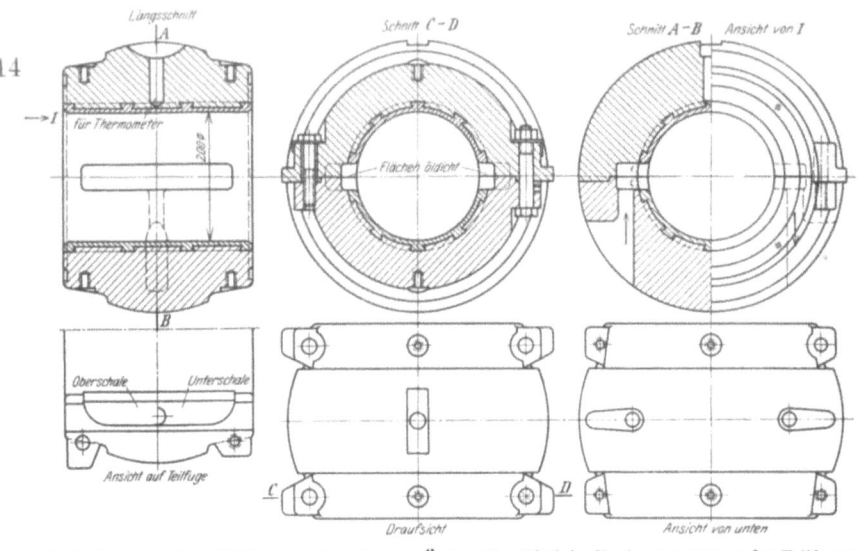

Abb. 80. **Lagerschalen** (AEG); kugelig gelagert; Öleintritt seitlich in die Aussparung an der Teilfuge; Absaugung des Öles an der anderen Teilfuge.

Abb. 81. Ausbohren der Lagerschalen (AEG).

b) Drucklager.

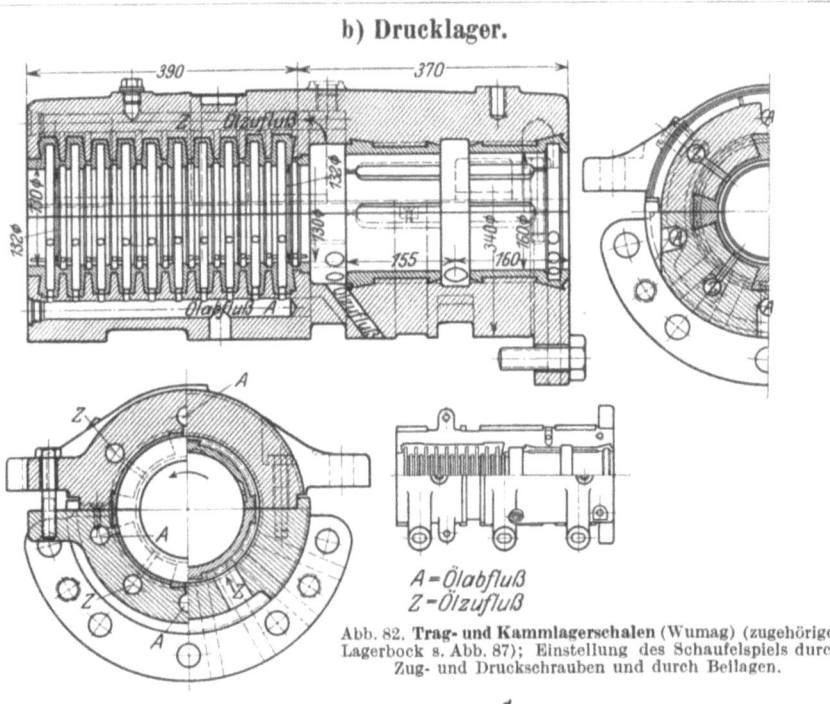

Abb. 82. **Trag- und Kammlagerschalen** (Wumag) (zugehöriger Lagerbock s. Abb. 87); Einstellung des Schaufelspiels durch Zug- und Druckschrauben und durch Beilagen.

Wellen-durch-messer D mm	Bohrung mit Zwi-schenl. s_1 D_1 mm	Spiel z mm	Spiel ohne Beilage x mm	Zwischenlagen		Abschrägung	
				s_1 mm	s_2 mm	α mm	r mm
60	60,4	0,2	0,1	0,3	0,15	2	6
80	80,4	0,2	0,1	0,3	0,15	2	6
100	100,5	0,25	0,1	0,4	0,2	2	6
160	160,7	0,35	0,2	0,5	0,25	2	6
200	200,8	0,4	0,2	0,5	0,3	2,5	6
300	301,0	0,5	0,3	0,7	0,35	2,5	6
400	401,4	0,7	0,3	1,1	0,55	3	6
500	501,8	0,9	0,4	1,4	0,7	3	6

Zwischenlagen nur beim Ausbohren eingelegt.

Abb. 84. **Zweikämmiges Klotzdrucklager mit 10 Druckklötzen je Kamm und Schubrichtung** (SSW).

Abb. 83. **Klotzdrucklager** (SSW). *a* gesicherte Mutter, *b* Schraube zur Drehsicherung der Lagerschalen, *c* obere Hälfte des feststehenden Kammes, *d* Drehrichtung des Wellenbundes, *e* Kippkante, *f* Zulauf und Verteilung des Schmieröles, *g* Druckklotz, *h* untere Hälfte des feststehenden Kammes, *i* Haltestift, *k* Kammbüchse. Das Drucklager ist einkämmig, jedoch doppelwirkend, weil zu beiden Seiten des feststehenden Kammes Druckklötze angeordnet sind; Druckklötze aus Stahl, auf der Gleitseite mit hochzinnhaltigem Weißmetall ausgegossen. Durch das Kippen der Klötze um *e* bilden sich Ölkeile unter den einzelnen Klötzen, wodurch die spez. Belastbarkeit gegenüber dem normalen Kammlager bedeutend erhöht wird.

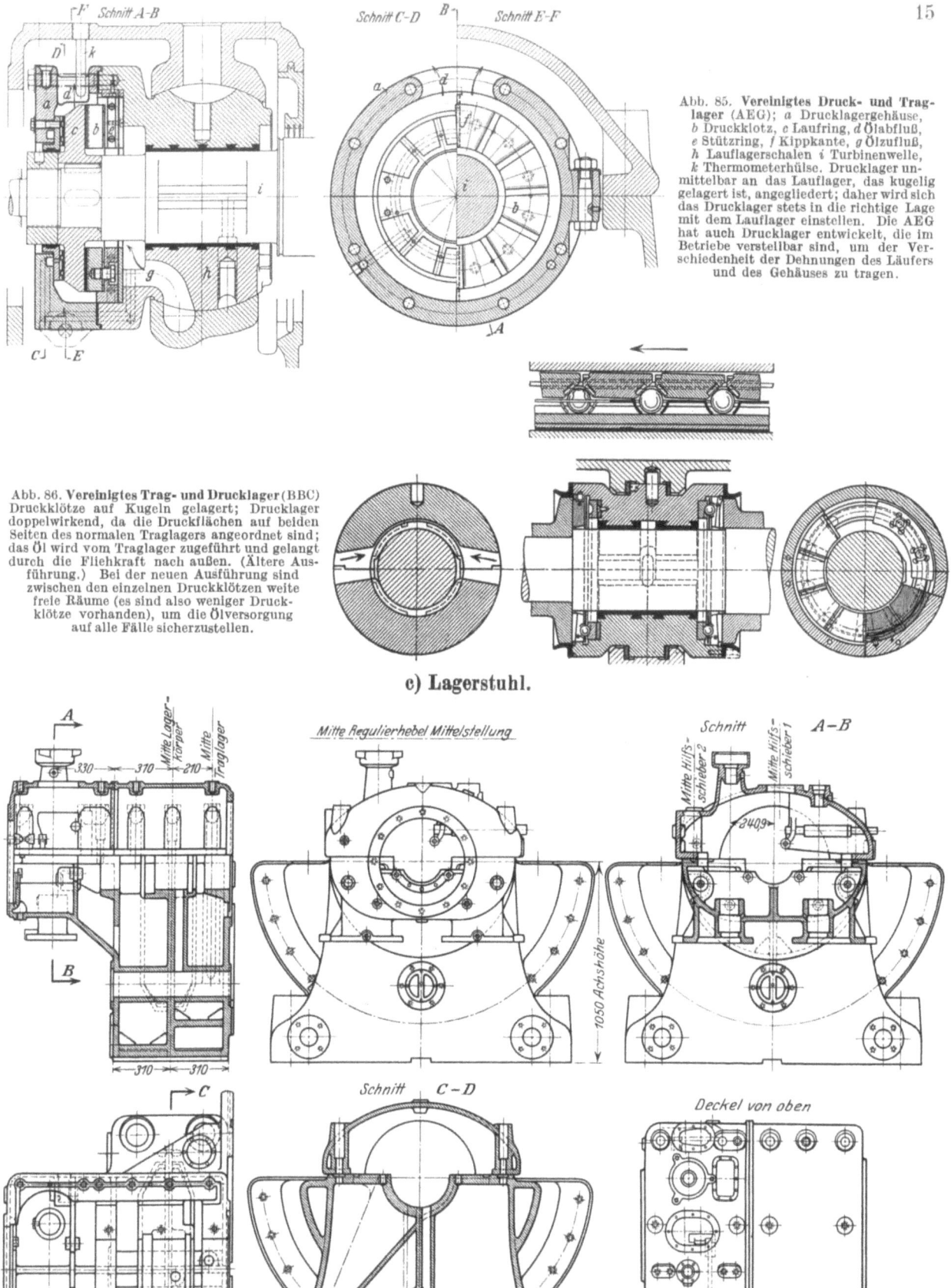

Abb. 85. **Vereinigtes Druck- und Traglager** (AEG); a Drucklagergehäuse, b Druckklotz, c Laufring, d Ölabfluß, e Stützring, f Kippkante, g Ölzufluß, h Lauflagerschalen i Turbinenwelle, k Thermometerhülse. Drucklager unmittelbar an das Lauflager, das kugelig gelagert ist, angegliedert; daher wird sich das Drucklager stets in die richtige Lage mit dem Lauflager einstellen. Die AEG hat auch Drucklager entwickelt, die im Betriebe verstellbar sind, um der Verschiedenheit der Dehnungen des Läufers und des Gehäuses zu tragen.

Abb. 86. **Vereinigtes Trag- und Drucklager** (BBC) Druckklötze auf Kugeln gelagert; Drucklager doppelwirkend, da die Druckflächen auf beiden Seiten des normalen Traglagers angeordnet sind; das Öl wird vom Traglager zugeführt und gelangt durch die Fliehkraft nach außen. (Ältere Ausführung.) Bei der neuen Ausführung sind zwischen den einzelnen Druckklötzen weite freie Räume (es sind also weniger Druckklötze vorhanden), um die Ölversorgung auf alle Fälle sicherzustellen.

c) **Lagerstuhl.**

Abb. 87. **Lagerstuhl** (Wumag) zum Trag- und Kammlager (Abb. 82); der Lagerbock wird am Ringflansch mit dem Turbinengehäuse verschraubt.

XI. Kupplungen und Getriebe.

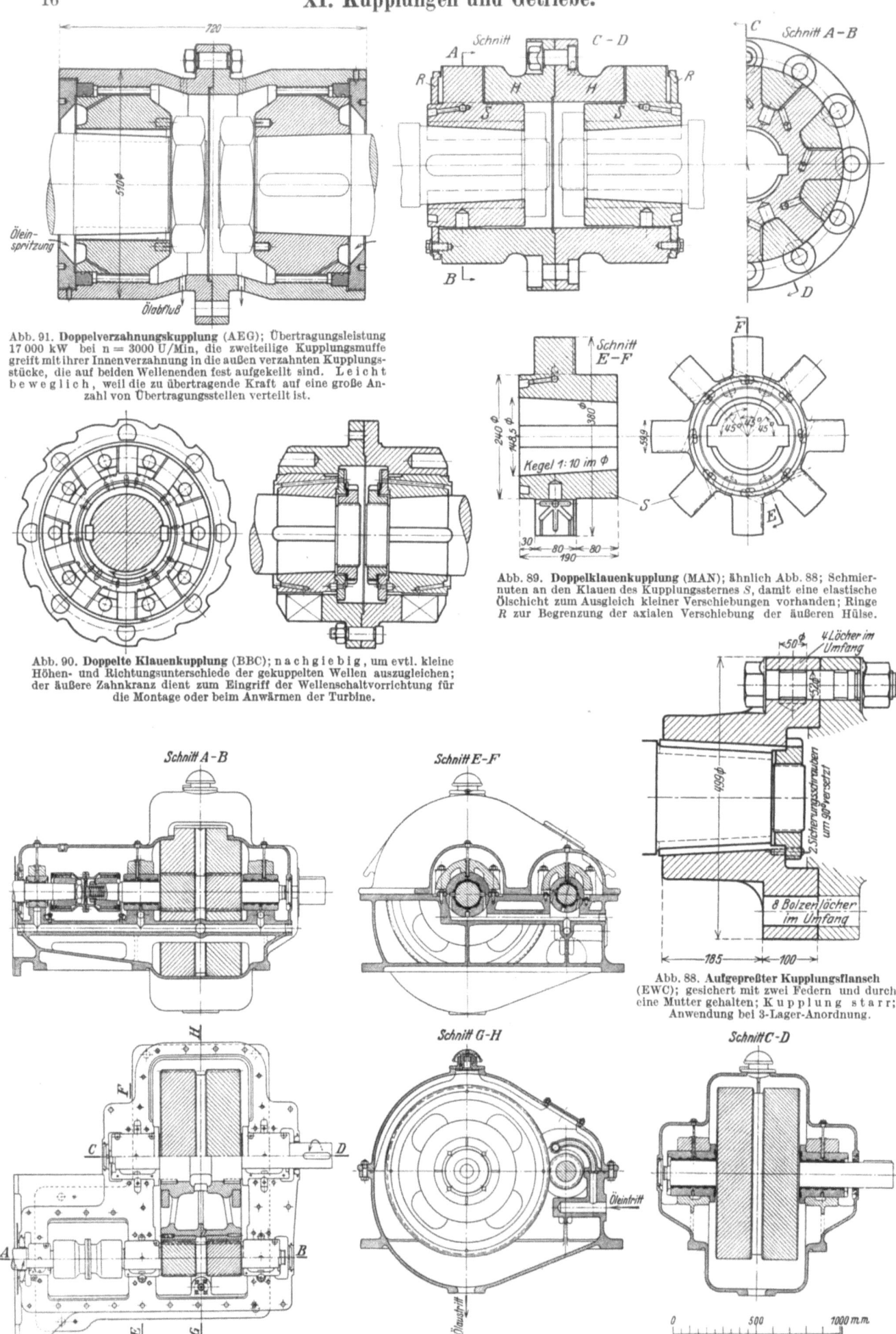

Abb. 91. **Doppelverzahnungskupplung** (AEG); Übertragungsleistung 17 000 kW bei n = 3000 U/Min, die zweiteilige Kupplungsmuffe greift mit ihrer Innenverzahnung in die außen verzahnten Kupplungsstücke, die auf beiden Wellenenden fest aufgekeilt sind. Leicht beweglich, weil die zu übertragende Kraft auf eine große Anzahl von Übertragungsstellen verteilt ist.

Abb. 90. **Doppelte Klauenkupplung** (BBC); nachgiebig, um evtl. kleine Höhen- und Richtungsunterschiede der gekuppelten Wellen auszugleichen; der äußere Zahnkranz dient zum Eingriff der Wellenschaltvorrichtung für die Montage oder beim Anwärmen der Turbine.

Abb. 89. **Doppelklauenkupplung** (MAN); ähnlich Abb. 88; Schmiernuten an den Klauen des Kupplungssterns S, damit eine elastische Ölschicht zum Ausgleich kleiner Verschiebungen vorhanden; Ringe R zur Begrenzung der axialen Verschiebung der äußeren Hülse.

Abb. 88. **Aufgepreßter Kupplungsflansch** (EWC); gesichert mit zwei Federn und durch eine Mutter gehalten; Kupplung starr; Anwendung bei 3-Lager-Anordnung.

Abb. 92. **Turbinengetriebe** für 2000 kW, Drehzahlübersetzung 5000/1000 U/Min mit Schrägverzahnung (AEG).

XII. Gehäuse.

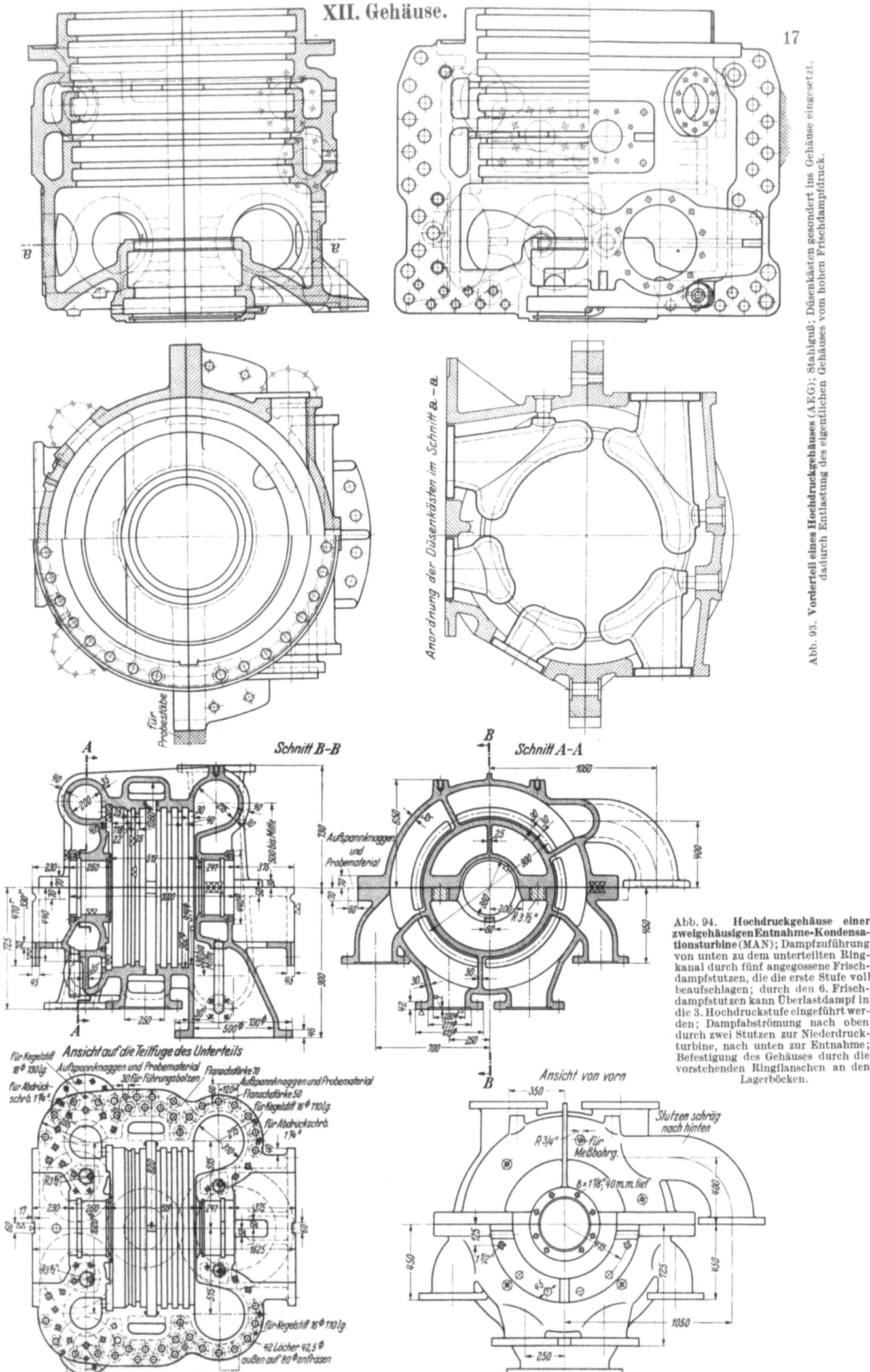

Abb. 93. **Vorderteil eines Hochdruckgehäuses** (AEG); Stahlguß; Düsenkästen gesondert ins Gehäuse eingesetzt, dadurch Entlastung des eigentlichen Gehäuses vom hohen Frischdampfdruck.

Abb. 94. **Hochdruckgehäuse einer zweigehäusigen Entnahme-Kondensationsturbine** (MAN); Dampfzuführung von unten zu dem unterteilten Ringkanal durch fünf angegossene Frischdampfstutzen, die die erste Stufe voll beaufschlagen; durch den 6. Frischdampfstutzen kann Überlastdampf in die 3. Hochdruckstufe eingeführt werden; Dampfabströmung nach oben durch zwei Stutzen zur Niederdruckturbine, nach unten zur Entnahme; Befestigung des Gehäuses durch die vorstehenden Ringflanschen an den Lagerböcken.

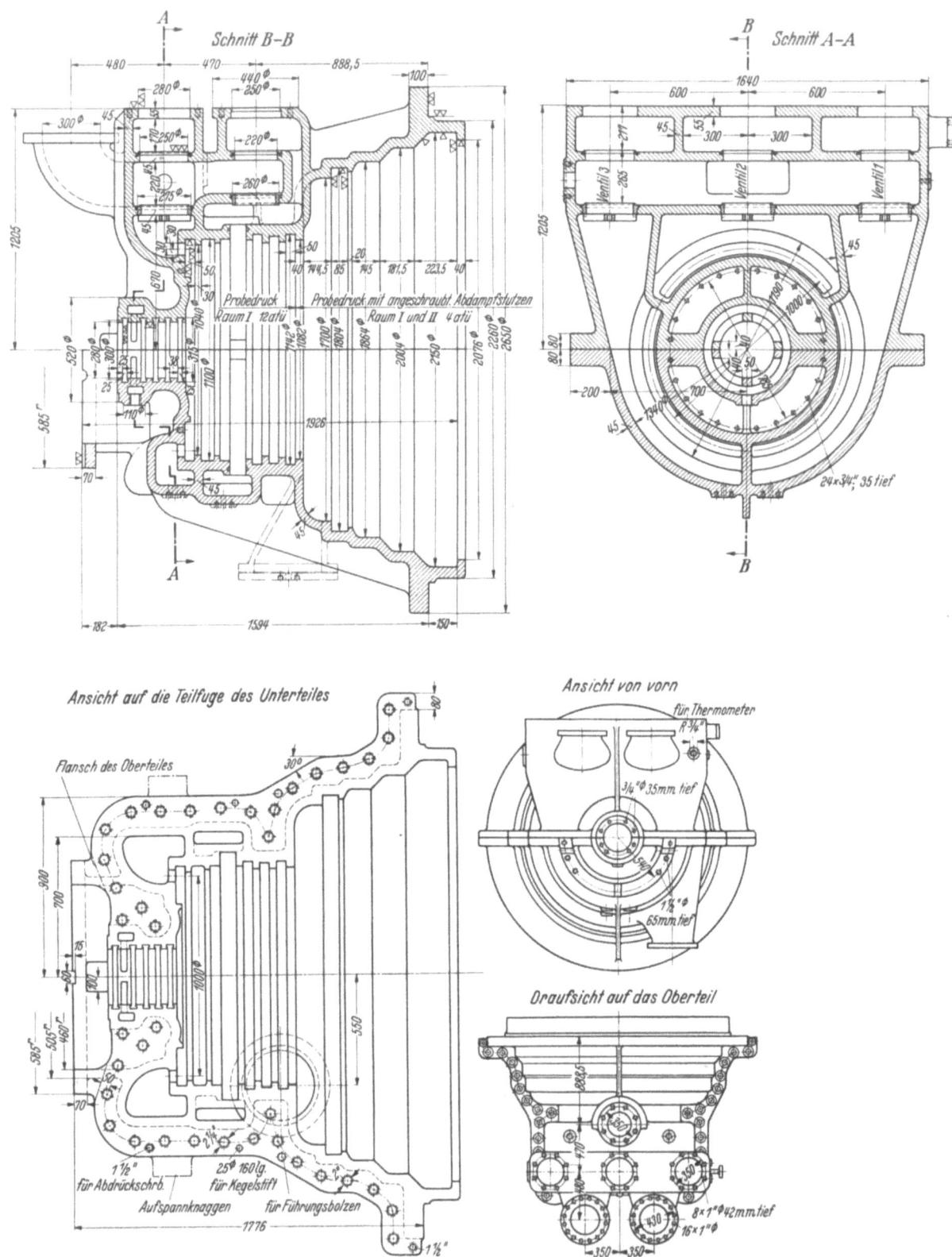

Abb. 95. **Vorderteil des Niederdruckgehäuses einer zweigehäusigen Entnahme-Kondensationsturbine (MAN).** Der Dampf strömt vom Hochdruckgehäuse durch die zwei vorstehenden Stutzen dem Niederdruckgehäuse zu und wird über die drei nebeneinander angeordneten Ventile der 1. Stufe, die voll beaufschlagt ist, zugeführt, während durch ein weiteres Ventil Zusatzdampf zur 3. Niederdruckstufe geschickt werden kann. Befestigung des Gehäuses vorn durch Ringflansche am Lagerbock.

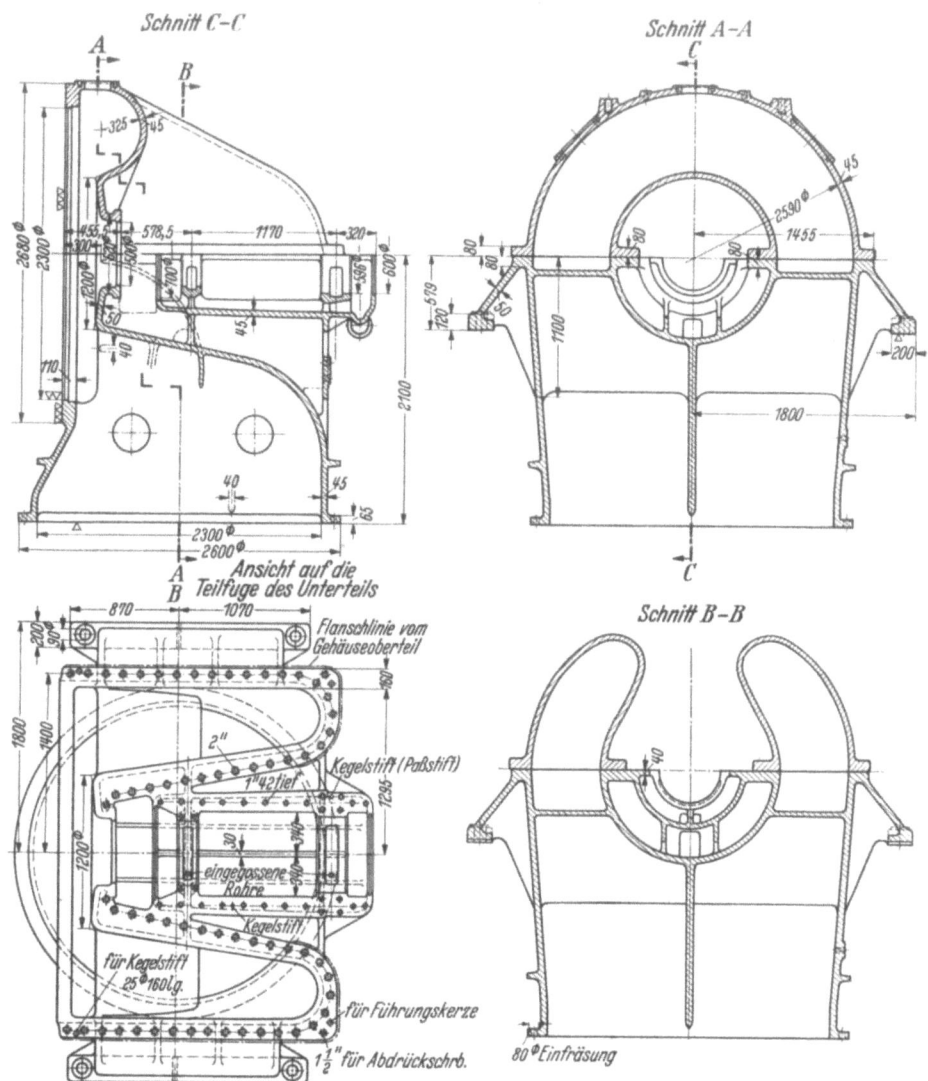

Abb. 96. **Abdampfstutzen des Niederdruckgehäuses** der Abb. 95 **der Entnahme-Kondensationsturbine** (MAN); sitzt mittels der seitlichen Pratzen auf dem Grundrahmen.

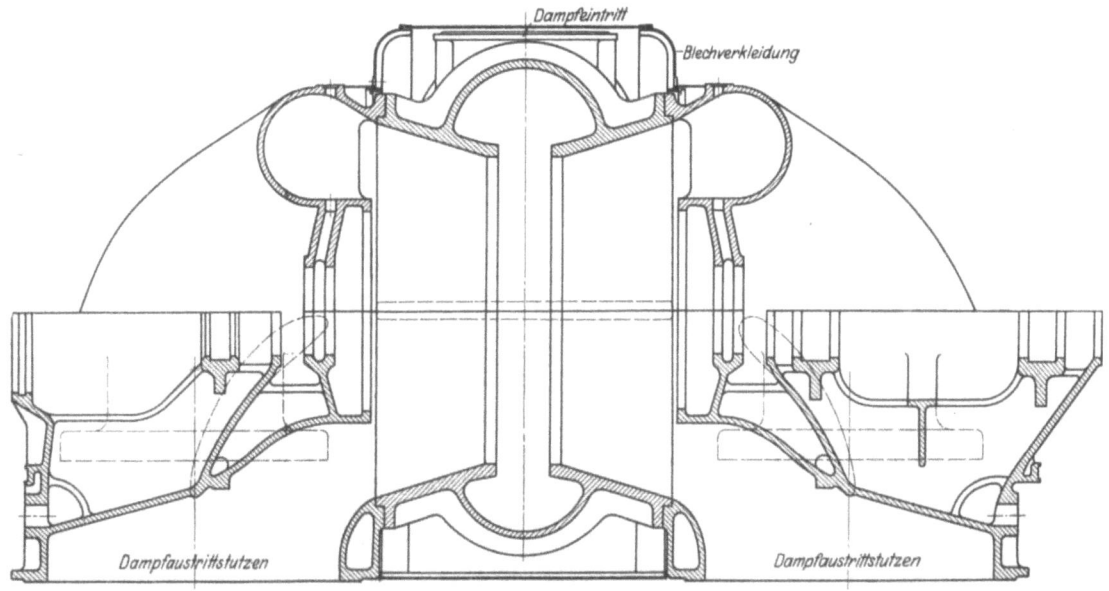

Abb. 97. **Niederdruckturbinengehäuse mit doppelseitigem Dampfaustritt (BBC)**; Dampfzuführung durch zwei tangential an das Gehäuse angesetzte Stutzen.

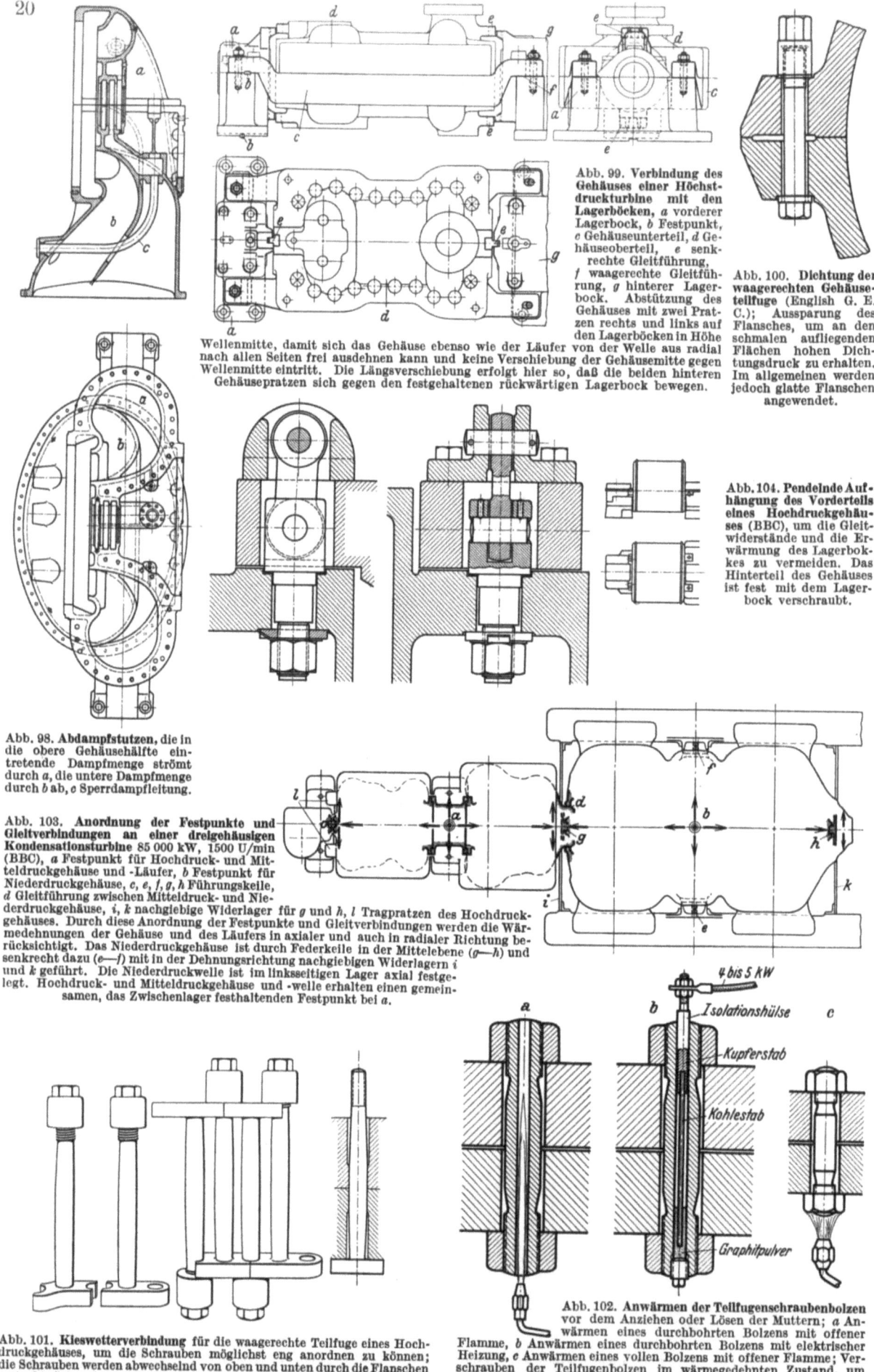

Abb. 99. **Verbindung des Gehäuses einer Höchstdruckturbine mit den Lagerböcken.** *a* vorderer Lagerbock, *b* Festpunkt, *c* Gehäuseunterteil, *d* Gehäuseoberteil, *e* senkrechte Gleitführung, *f* waagerechte Gleitführung, *g* hinterer Lagerbock. Abstützung des Gehäuses mit zwei Pratzen rechts und links auf den Lagerböcken in Höhe Wellenmitte, damit sich das Gehäuse ebenso wie der Läufer von der Welle aus radial nach allen Seiten frei ausdehnen kann und keine Verschiebung der Gehäusemitte gegen Wellenmitte eintritt. Die Längsverschiebung erfolgt hier so, daß die beiden hinteren Gehäusepratzen sich gegen den festgehaltenen rückwärtigen Lagerbock bewegen.

Abb. 100. **Dichtung der waagerechten Gehäuseteilfuge** (English G. E. C.); Aussparung des Flansches, um an den schmalen aufliegenden Flächen hohen Dichtungsdruck zu erhalten. Im allgemeinen werden jedoch glatte Flanschen angewendet.

Abb. 104. **Pendelnde Aufhängung des Vorderteils eines Hochdruckgehäuses** (BBC), um die Gleitwiderstände und die Erwärmung des Lagerbockes zu vermeiden. Das Hinterteil des Gehäuses ist fest mit dem Lagerbock verschraubt.

Abb. 98. **Abdampfstutzen**, die in die obere Gehäusehälfte eintretende Dampfmenge strömt durch *a*, die untere Dampfmenge durch *b* ab, *c* Sperrdampfleitung.

Abb. 103. **Anordnung der Festpunkte und Gleitverbindungen an einer dreigehäusigen Kondensationsturbine 85 000 kW, 1500 U/min** (BBC), *a* Festpunkt für Hochdruck- und Mitteldruckgehäuse und -Läufer, *b* Festpunkt für Niederdruckgehäuse, *c, e, f, g, h* Führungskeile, *d* Gleitführung zwischen Mitteldruck- und Niederdruckgehäuse, *i, k* nachgiebige Widerlager für *g* und *h*, *l* Tragpratzen des Hochdruckgehäuses. Durch diese Anordnung der Festpunkte und Gleitverbindungen werden die Wärmedehnungen des Gehäuses und des Läufers in axialer und auch in radialer Richtung berücksichtigt. Das Niederdruckgehäuse ist durch Federkeile in der Mittelebene (*g—h*) und senkrecht dazu (*e—f*) mit in der Dehnungsrichtung nachgiebigen Widerlagern *i* und *k* geführt. Die Niederdruckwelle ist im linksseitigen Lager axial festgelegt. Hochdruck- und Mitteldruckgehäuse und -welle erhalten einen gemeinsamen, das Zwischenlager festhaltenden Festpunkt bei *a*.

Abb. 101. **Kieswetterverbindung** für die waagerechte Teilfuge eines Hochdruckgehäuses, um die Schrauben möglichst eng anordnen zu können; die Schrauben werden abwechselnd von oben und unten durch die Flanschen gesteckt; Schraubenkopf als durchlochte Platte ausgeführt; die Schraubenmuttern sitzen jeweils auf den Schraubenköpfen der anliegenden Schrauben.

Abb. 102. **Anwärmen der Teilfugenschraubenbolzen** vor dem Anziehen oder Lösen der Muttern; *a* Anwärmen eines durchbohrten Bolzens mit offener Flamme, *b* Anwärmen eines durchbohrten Bolzens mit elektrischer Heizung, *c* Anwärmen eines vollen Bolzens mit offener Flamme; Verschrauben der Teilfugenbolzen im wärmegedehnten Zustand, um hohe Vorspannung in den Bolzen zu erhalten; Anwendung nur bei Maschinen für hohe Dampfdrucke oder für hohe Dampftemperaturen.

XIII. Fundamentrahmen.

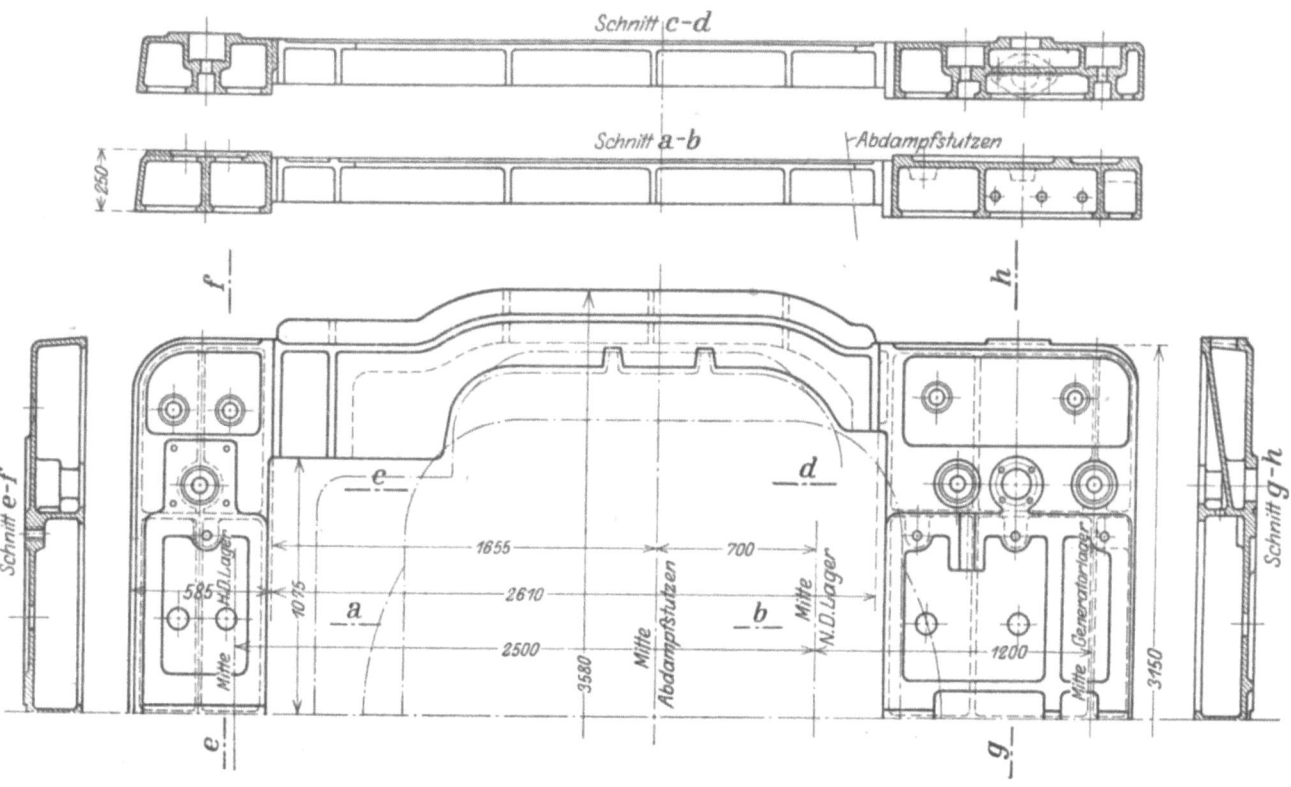

Abb. 105. **Grundrahmen** (EWC). Kräftiger durch Rippen versteifter Gußrahmen, um Durchbiegungen und Verlagerungen des Gehäuses oder der Lager zu vermeiden; Rahmen wird durch Vergießen mit Beton fest mit dem Fundament verbunden.

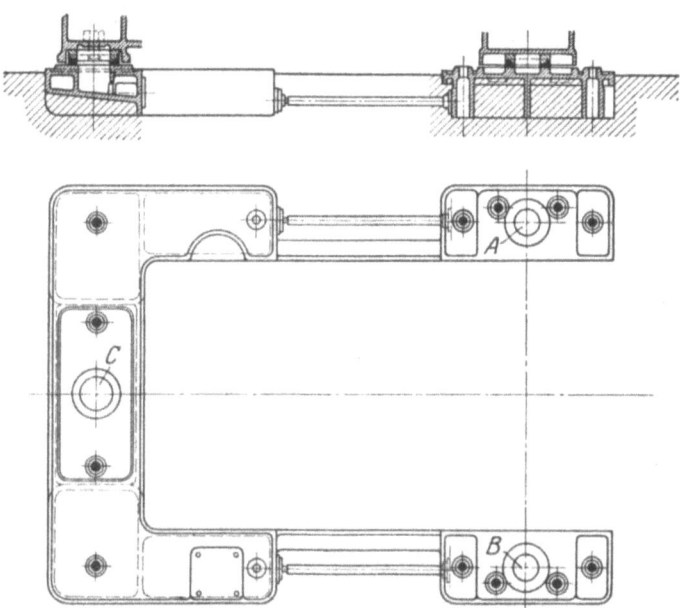

Abb. 106. **Grundrahmen** (Sulzer). Abstützung des Gehäuses in den drei Punkten A, B, C; Fixierung im Hochdrucklager C; die Festigkeit des mit Eisen bewehrten Betons ist so groß, daß die vordere Platte mit den seitlichen Platten nur durch Distanzrohre verbunden zu werden braucht.

XIV. Regelung.

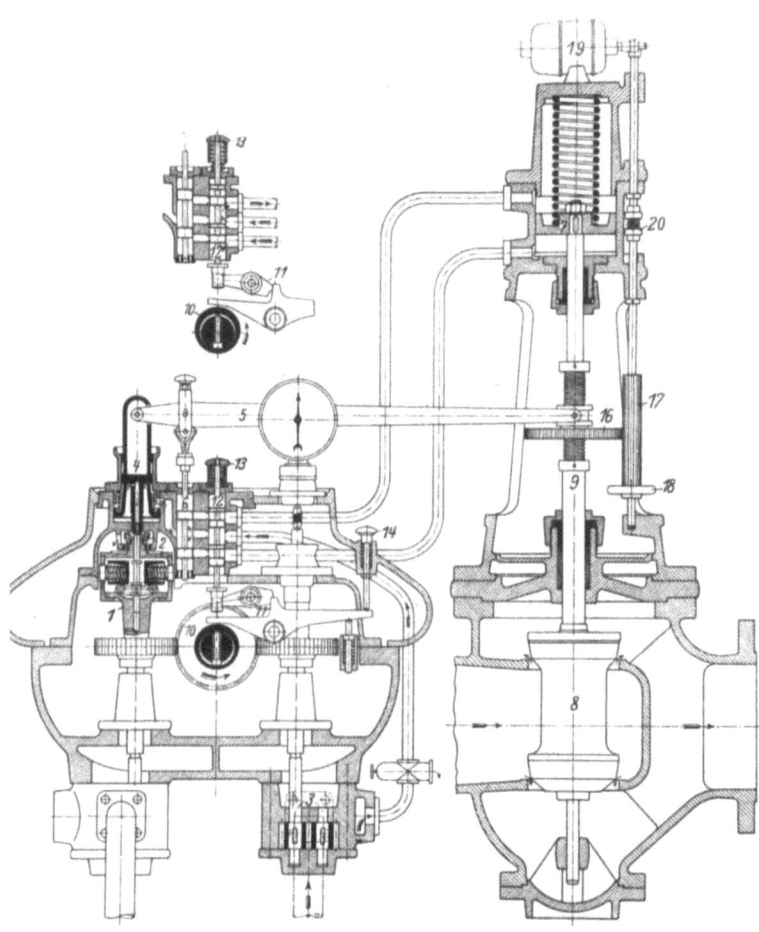

Abb. 107. **Drosselregelung mit Vorsteuerung (EWC).** Das Drucköl von der Ölpumpe 3 gelangt über den Umschaltschieber 12 und Steuerschieber 6 zum federbelasteten Differentialkolben 4 und kann über eine Drosselbohrung durch das Innere der Kolbenspindel nach unten durch die Bohrung 2 ablaufen. Bei steigender Drehzahl (Entlastung) z. B. bewegt sich die Reglerspindel 1 nach aufwärts gegen die Bohrung 2 und drosselt dadurch den Ölablauf, wodurch der Druck unter dem Kolben 4 steigt und der Kolben nach oben geschoben wird, der Kolben folgt also der Reglerspindel. Der Kolben verstellt nun, mittels Hebel 5 den Steuerschieber 6 und bewirkt durch Ölzufuhr über oder unter dem Servomotorkolben 7 die Verstellung des Regelventils 8. Die Drehzahlverstellung erfolgt durch Verschieben des Regulierhebelpunktes an der Ventilspindel durch die Mutter 16 von Hand mittels Rad 18, oder durch den Motor 19. Das Regelventil ist gleichzeitig als Schnellschlußorgan ausgebildet. Bei Überschreiten der zulässigen Drehzahl schlägt der Sicherheitsregler 10 (s. Abb. 119) aus und klinkt den Hebel 11 aus, wodurch der Umschaltschieber 12 durch die Feder 13 nach oben gezogen wird und das Drucköl über den Servomotorkolben 7 treten läßt, so daß sich das Ventil 8 schließt; ebenso bewirkt bei ungenügendem Öldruck die Feder über dem Kolben 7 das Schließen des Ventils. Der Knopf 14 dient zur Auslösung der Vorrichtung von Hand.

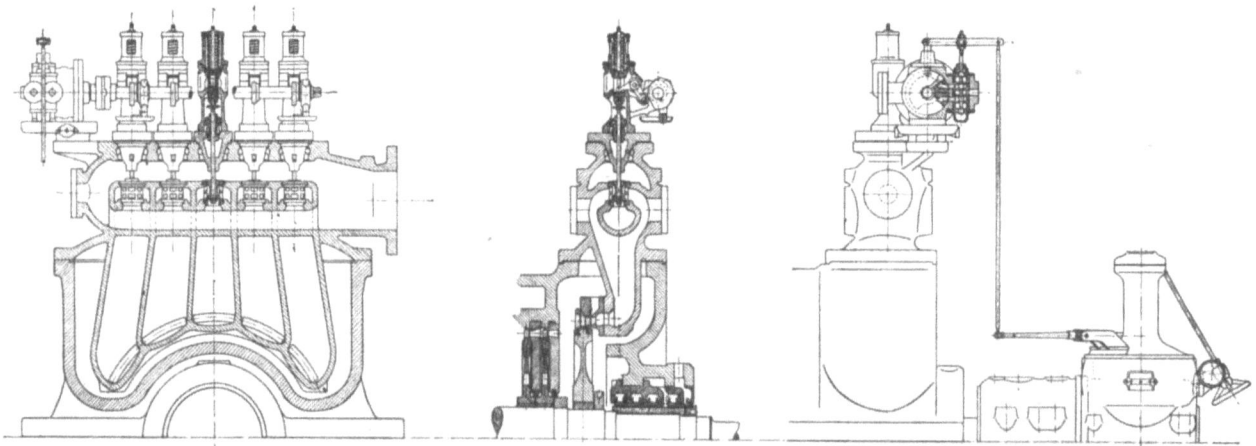

Abb. 108. **Vereinigte Düsendrosselregelung (AEG).** Die federbelasteten Düsenventile (s. Abb. 121) sitzen im Düsenkasten, der in das Turbinengehäuse eingehängt wird. Die Ventile werden mittels eines Hebels von einer mit Nocken versehenen Welle, die durch ein Drehkraftgetriebe (s. Abb. 124) gedreht wird, betätigt, wobei die Nocken so gegeneinander versetzt aufgekeilt sind, daß die Ventile nacheinander öffnen. Der Drehschieber im Drehkraftgetriebe wird durch einen Steuerschieber, der vom Regler über das Gestänge verstellt wird, gesteuert. Die Rückführung des Steuerschiebers erfolgt durch den Hebel, der den Steuerschieber betätigt und dessen eines Ende mit dem Drehkraftgetriebe in Verbindung steht. Die Drehzahlverstellung erfolgt durch Änderung der Muffenbelastung, indem die Spannung einer über der Muffe angebrachten Hilfsfeder mittels Elektromotor oder von Hand durch Drehen des Handrades (in der Abb. ganz rechts) geändert wird.

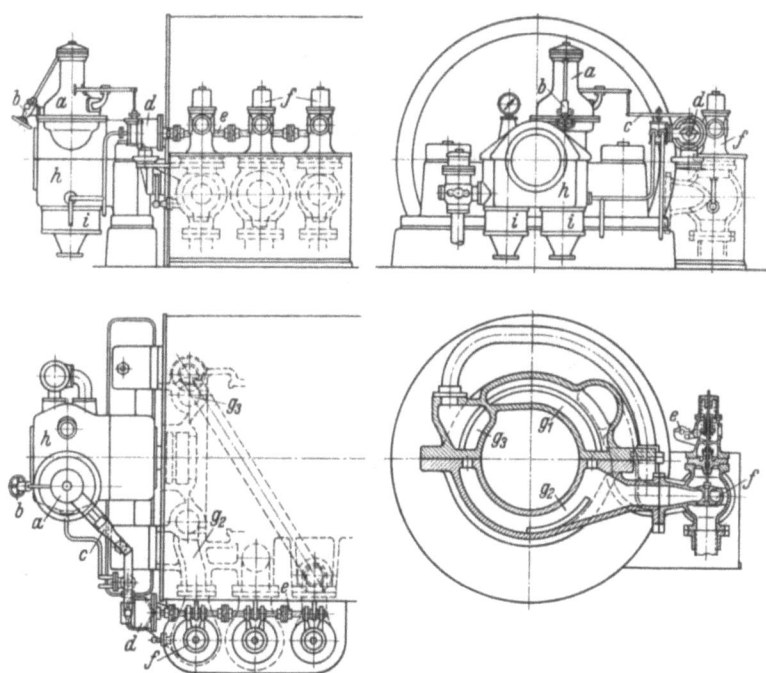

Abb. 109. **Düsengruppenregelung einer großen Kondensationsturbine (AEG)**; a Drehzahlregler, b Drehzahlverstellvorrichtung, c Regelgestänge, d Drehkraftgetriebe, e Nockenwelle, f Steuerventil, $g_{1,2,3}$ Düsensegmente, h vorderer Turbinenlagerbock, i Ölpumpe. Wirkung der Regelung wie bei Abb. 108.

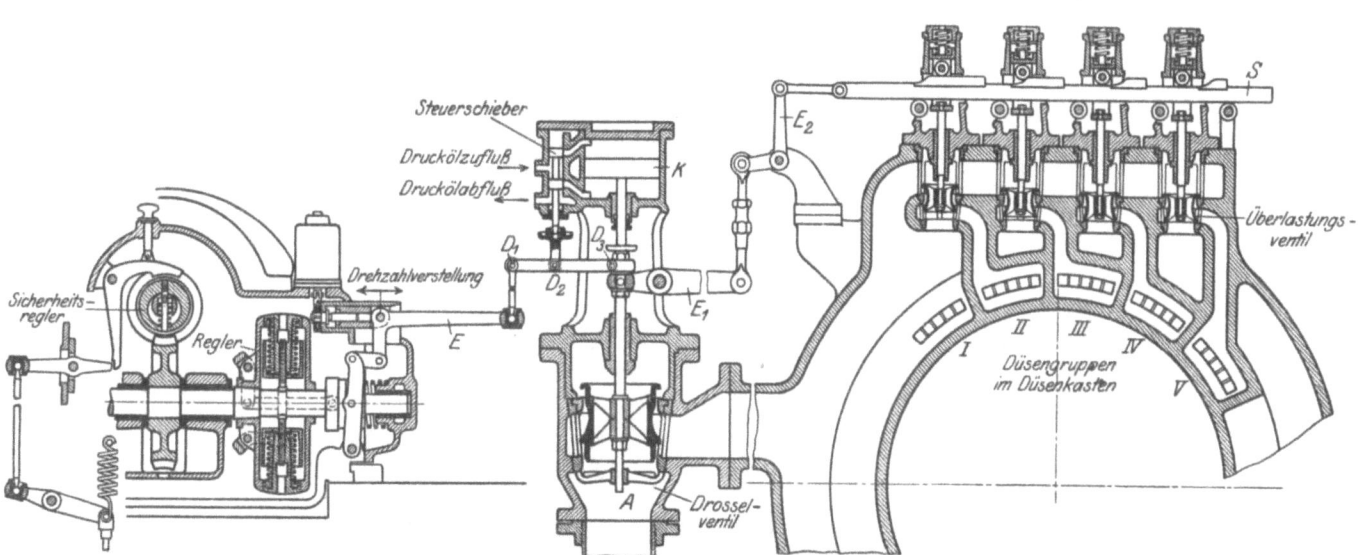

Abb. 110. **Vereinigte Düsendrosselregelung (MAN).** Betätigung der Düsenventile vom Kraftkolben des Hauptdrosselventils durch eine Kurvenschiene. Der auf der waagerechten Welle sitzende Regler verstellt mittels des Winkelhebels E und des Hebels D den Steuerschieber und bewirkt die Betätigung des Kraftkolbens mit dem Drosselventil, das bei reiner Drosselregelung allein vorhanden ist; Rückführung des Steuerschiebers durch die Bewegung der Ventilspindel. Bei der vereinigten Regelung wird von der Ventilspindel aus durch die Hebel E_1, E_2 die Kurvenschiene S verschoben, die auf Rollen geführt ist und deren Hubkurven so ausgebildet sind, daß die federbelasteten Düsenventile nacheinander öffnen oder durch den Federdruck schließen. Die Drehzahlverstellung erfolgt durch Verschieben des Drehpunktes des Winkelhebels E durch einen Bolzen mit Gewinde, der mittels eines elektromagnetischen Schaltwerkes gedreht wird.

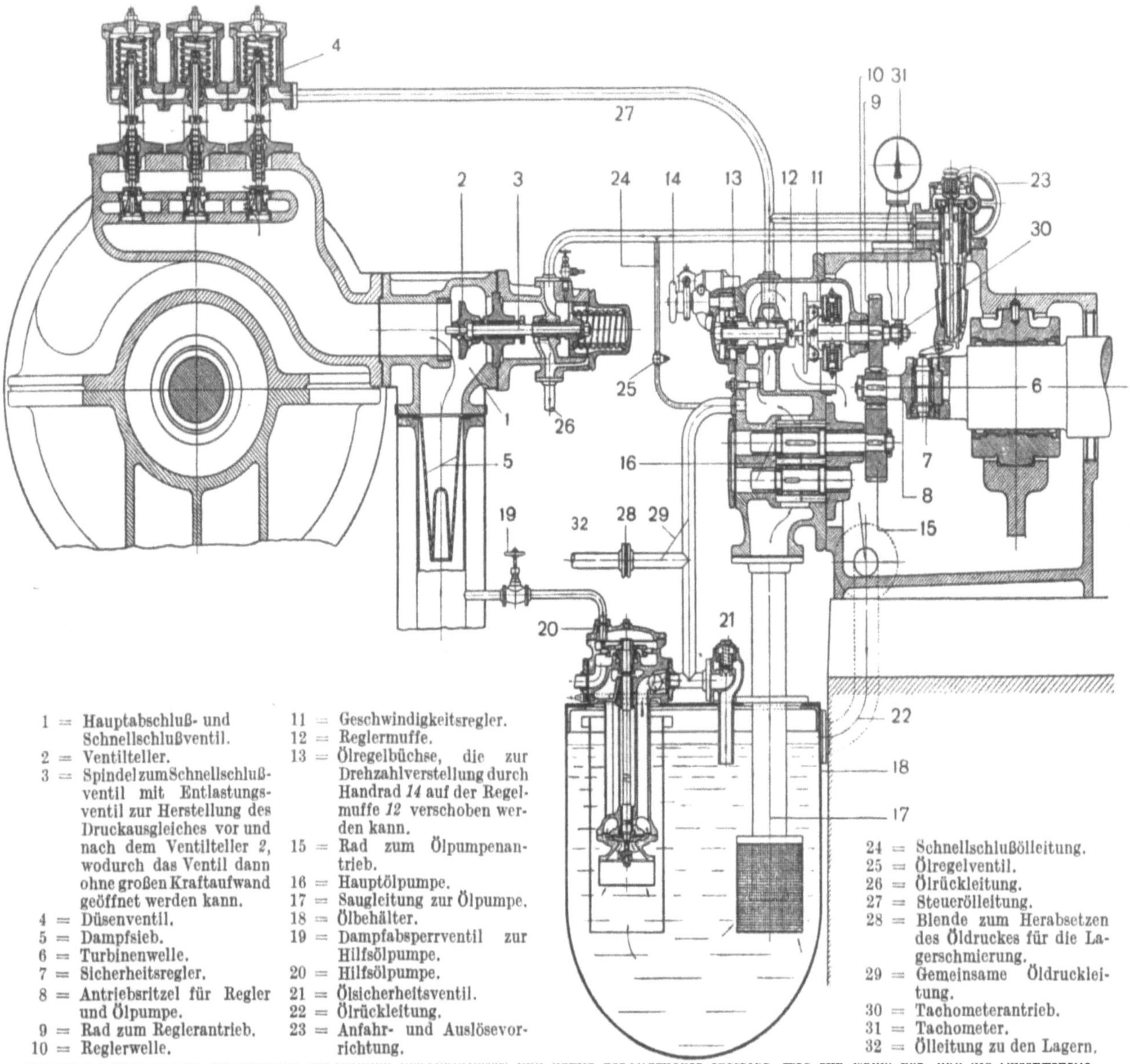

24

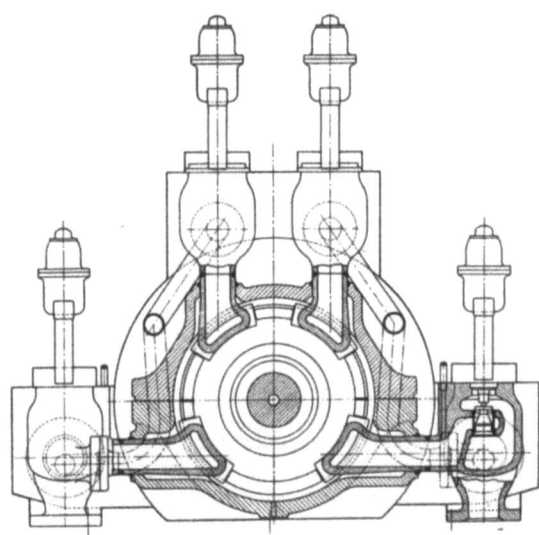

1 =	Hauptabschluß- und Schnellschlußventil.	
2 =	Ventilteller.	
3 =	Spindel zum Schnellschlußventil mit Entlastungsventil zur Herstellung des Druckausgleiches vor und nach dem Ventilteller 2, wodurch das Ventil dann ohne großen Kraftaufwand geöffnet werden kann.	
4 =	Düsenventil.	
5 =	Dampfsieb.	
6 =	Turbinenwelle.	
7 =	Sicherheitsregler.	
8 =	Antriebsritzel für Regler und Ölpumpe.	
9 =	Rad zum Reglerantrieb.	
10 =	Reglerwelle.	
11 =	Geschwindigkeitsregler.	
12 =	Reglermuffe.	
13 =	Ölregelbüchse, die zur Drehzahlverstellung durch Handrad 14 auf der Regelmuffe 12 verschoben werden kann.	
15 =	Rad zum Ölpumpenantrieb.	
16 =	Hauptölpumpe.	
17 =	Saugleitung zur Ölpumpe.	
18 =	Ölbehälter.	
19 =	Dampfabsperrventil zur Hilfsölpumpe.	
20 =	Hilfsölpumpe.	
21 =	Ölsicherheitsventil.	
22 =	Ölrückleitung.	
23 =	Anfahr- und Auslösevorrichtung.	
24 =	Schnellschlußölleitung.	
25 =	Ölregelventil.	
26 =	Ölrückleitung.	
27 =	Steueröleitung.	
28 =	Blende zum Herabsetzen des Öldruckes für die Lagerschmierung.	
29 =	Gemeinsame Öldruckleitung.	
30 =	Tachometerantrieb.	
31 =	Tachometer.	
32 =	Ölleitung zu den Lagern.	

Umdrehung eine geringe Veränderung der Öffnung des Ölabflusses und damit des Öldruckes entsteht, was zur Folge hat, daß die Düsenventile dauernd leicht schwingen, so daß ein Hängenbleiben der Ventile sicher verhindert wird.

Abb. 112. Querschnitt durch die Dampfzufuhr einer Turbine für ganz hohe Drücke und Temperaturen und für mittlere Leistungen (BBC). Die Ventile sind auf bzw. an der Turbine angeordnet. An die in das Gehäuse eingeschweißten Düsenkästen sind die Ventilgehäuse ebenfalls angeschweißt, so daß die Ventile starr mit dem Gehäuse verbunden sind. Die vier Düsenkästen sind so angeordnet, daß eine gleichmäßige Erwärmung des Gehäuses über den ganzen Umfang erreicht wird, um Wärmespannungen möglichst zu vermeiden.

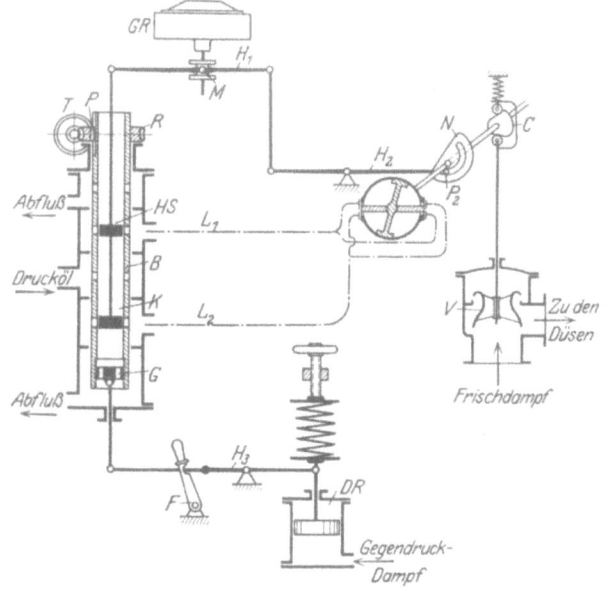

Abb. 113. **Schema einer Gegendruckregelung (SSW).** Der Drehzahlregler GR verstellt durch die Muffe M mittels des Hebels H_1 den Steuerschieber HS in der Steuerbüchse B, die wiederum durch den Druckregler DR mittels Hebel H_3 eingestellt wird, so daß das in die Kammer R eingeführte Drucköl durch die Leitungen L_1 oder L_2 auf die eine oder andere Seite des Servomotor-Drehkolbens treten bzw. ablaufen kann. Rückführung durch die spiralige Nut der Scheibe N, in welche der Endpunkt P_2 des Hebels H_2 gleitet und auf- und abwärts verstellt wird und dadurch über den Hebel H_1 den Steuerschieber HS wieder zurückführt. Drehzahländerung durch Drehen des Schneckenrades R von Hand oder durch Elektromotor, wodurch die Schieberbüchse B durch eine verschiebbare Paßfeder P mitgedreht und mittels Gewinde am Kolben G verschraubt wird.

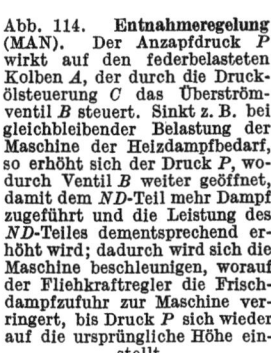

Abb. 114. **Entnahmeregelung (MAN).** Der Anzapfdruck P wirkt auf den federbelasteten Kolben A, der durch die Druckölsteuerung C das Überströmventil B steuert. Sinkt z. B. bei gleichbleibender Belastung der Maschine der Heizdampfbedarf, so erhöht sich der Druck P, wodurch Ventil B weiter geöffnet, damit dem ND-Teil mehr Dampf zugeführt und die Leistung des ND-Teiles dementsprechend erhöht wird; dadurch wird sich die Maschine beschleunigen, worauf der Fliehkraftregler die Frischdampfzufuhr zur Maschine verringert, bis Druck P sich wieder auf die ursprüngliche Höhe einstellt.

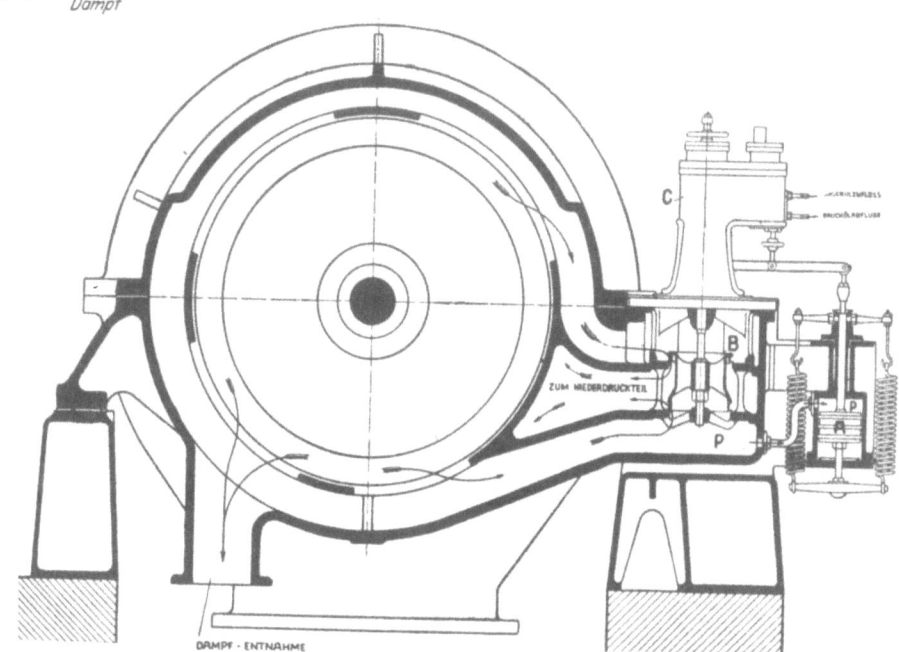

XV. Regelungseinzelheiten.

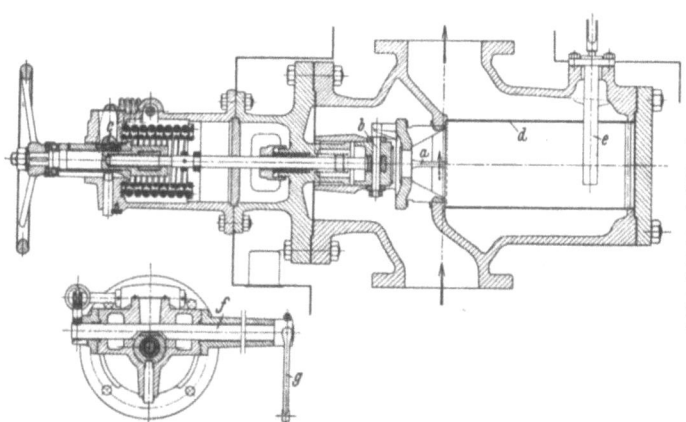

Abb. 115. **Hauptabsperr- und Schnellschlußventil (AEG).** a Hauptventil, b Vorhubventil, c Schnellschlußklinke, d Dampfsieb, e Frischdampfthermometer, f Drehwelle der Schnellschlußklinke, g Schnellschlußgestänge. Das Hauptventil ist als Tellerventil ausgebildet, das zur Erleichterung der Handbetätigung einen Vorhubkegel besitzt, durch den beim Anheben Druckausgleich vor und hinter dem Ventil hergestellt wird, so daß das Hauptventil ohne großen Kraftaufwand geöffnet werden kann. Die Mutter, in der durch die Handbetätigung das Ventil hochgeschraubt wird, ist bei gespannter Schließfeder durch eine Klinke festgehalten. Löst der Schnellschlußregler aus, so wird diese Klinke herausgeschlagen und die Schließfeder schlägt das Ventil zu.

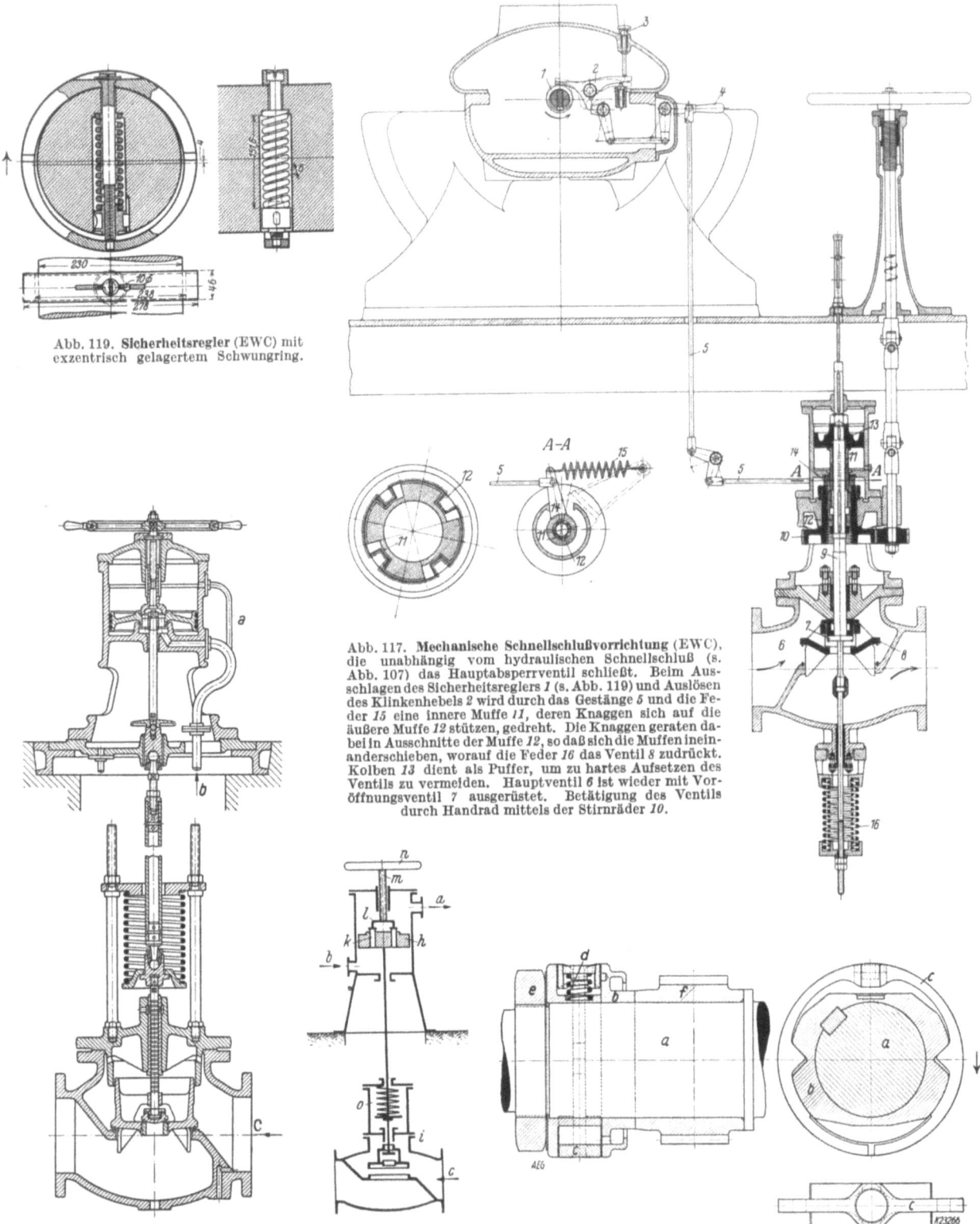

Abb. 119. **Sicherheitsregler** (EWC) mit exzentrisch gelagertem Schwungring.

Abb. 117. **Mechanische Schnellschlußvorrichtung** (EWC), die unabhängig vom hydraulischen Schnellschluß (s. Abb. 107) das Hauptabsperrventil schließt. Beim Ausschlagen des Sicherheitsreglers 1 (s. Abb. 119) und Auslösen des Klinkenhebels 2 wird durch das Gestänge 5 und die Feder 15 eine innere Muffe 11, deren Knaggen sich auf die äußere Muffe 12 stützen, gedreht. Die Knaggen geraten dabei in Ausschnitte der Muffe 12, so daß sich die Muffen ineinanderschieben, worauf die Feder 16 das Ventil 8 zudrückt. Kolben 13 dient als Puffer, um zu hartes Aufsetzen des Ventils zu vermeiden. Hauptventil 6 ist wieder mit Voröffnungsventil 7 ausgerüstet. Betätigung des Ventils durch Handrad mittels der Stirnräder 10.

Abb. 116. **Hauptabsperr- und Schnellschlußventil** (SSW); a Ölabfluß, b Ölzufluß, c Dampfeintritt, i Hauptabsperrventil mit Vorventil. Die Ringventilöffnungen k des Kolbens werden im Betrieb durch das Ölventil l abgeschlossen, das am Ende der Handradspindel m sitzt. Auf diese Weise wird durch den Öldruck unter dem Kolben h das Hauptabsperrventil während des Betriebes offengehalten. Bei unzulässig niedrigem Öldruck wird die Anhubkraft kleiner als der Hubwiderstand des Ventils i, so daß das Ventil sich nicht öffnen läßt, die Turbine also nicht anfahren kann. Beim Anfahren läßt sich das Hauptabsperrventil nur langsam mittels des Handrades n öffnen, denn sowie der Kolben h dem Ölventil l infolge zu raschen Drehens der Handradspindel nicht nachfolgen kann, erhält das Öl nach oben durch k Abfluß, der Öldruck unter h sinkt und Ventil i wird durch Feder o geschlossen.

Abb. 118. **Schwungring-Schnellschlußregler** (AEG). a Turbinenwelle, b Büchse des Schnellschlußreglers, c Schwungring, d Spannfeder, e Wellenmutter, f Schnecke zum Antrieb des Drehzahlreglers und der Hauptölpumpe. Der Schwungring, dessen Schwerpunkt etwas außerhalb der Drehachse liegt, wird durch die Feder in seiner Lage gehalten. Bei einer bestimmten Überdrehzahl überwiegt die Fliehkraft des Ringes den Federdruck und der Ring „schlägt aus", wodurch die Schnellschlußvorrichtung betätigt wird.

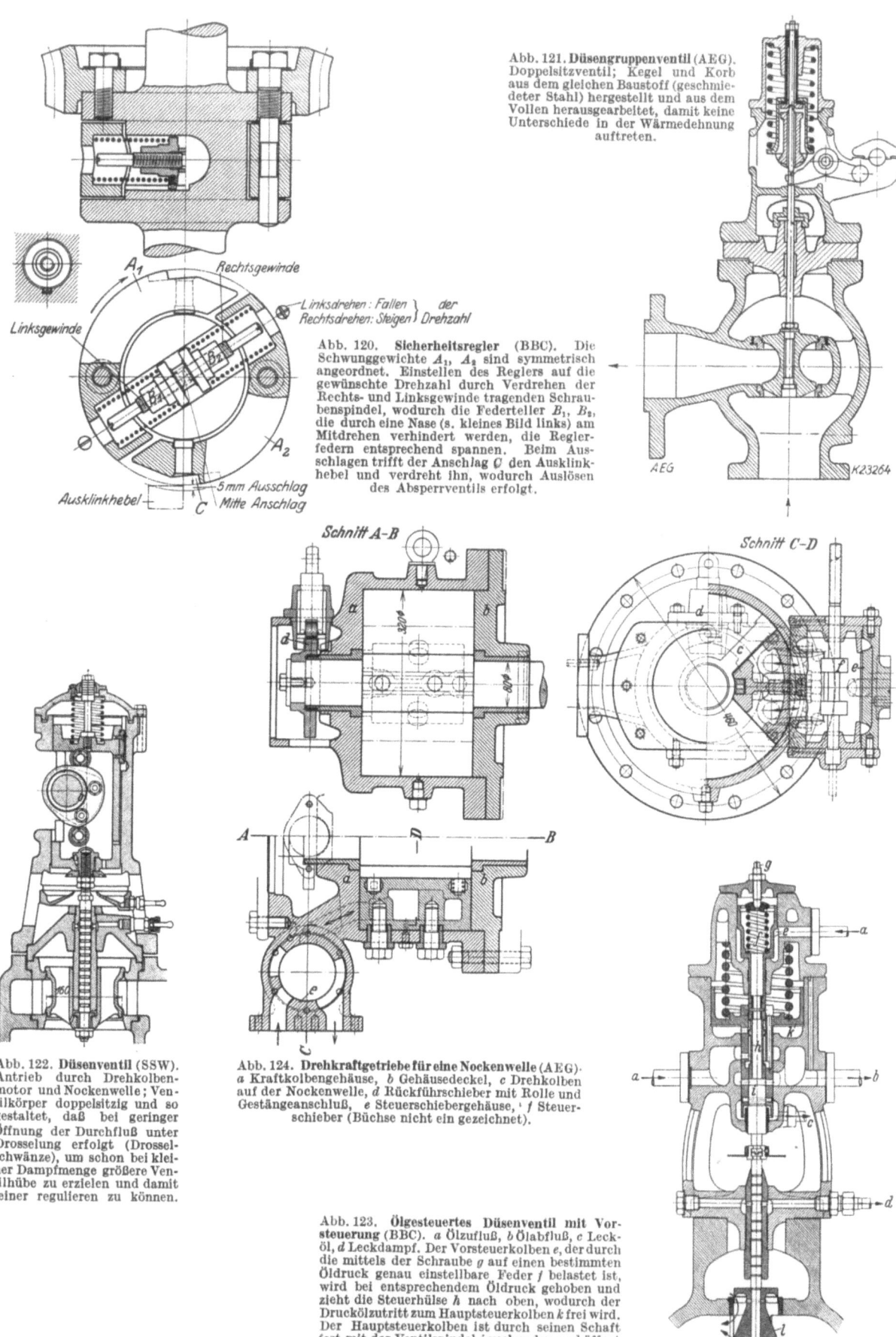

Abb. 121. **Düsengruppenventil** (AEG). Doppelsitzventil; Kegel und Korb aus dem gleichen Baustoff (geschmiedeter Stahl) hergestellt und aus dem Vollen herausgearbeitet, damit keine Unterschiede in der Wärmedehnung auftreten.

Abb. 120. **Sicherheitsregler** (BBC). Die Schwunggewichte A_1, A_2 sind symmetrisch angeordnet. Einstellen des Reglers auf die gewünschte Drehzahl durch Verdrehen der Rechts- und Linksgewinde tragenden Schraubenspindel, wodurch die Federteller B_1, B_2, die durch eine Nase (s. kleines Bild links) am Mitdrehen verhindert werden, die Reglerfedern entsprechend spannen. Beim Ausschlagen trifft der Anschlag C den Ausklinkhebel und verdreht ihn, wodurch Auslösen des Absperrventils erfolgt.

Abb. 122. **Düsenventil** (SSW). Antrieb durch Drehkolbenmotor und Nockenwelle; Ventilkörper doppelsitzig und so gestaltet, daß bei geringer Öffnung der Durchfluß unter Drosselung erfolgt (Drosselschwänze), um schon bei kleiner Dampfmenge größere Ventilhübe zu erzielen und damit feiner regulieren zu können.

Abb. 124. **Drehkraftgetriebe für eine Nockenwelle** (AEG). a Kraftkolbengehäuse, b Gehäusedeckel, c Drehkolben auf der Nockenwelle, d Rückführschieber mit Rolle und Gestängeanschluß, e Steuerschiebergehäuse, f Steuerschieber (Büchse nicht eingezeichnet).

Abb. 123. **Ölgesteuertes Düsenventil mit Vorsteuerung** (BBC). a Ölzufluß, b Ölabfluß, c Lecköl, d Leckdampf. Der Vorsteuerkolben e, der durch die mittels der Schraube g auf einen bestimmten Öldruck genau einstellbare Feder f belastet ist, wird bei entsprechendem Öldruck gehoben und zieht die Steuerhülse h nach oben, wodurch der Druckölzutritt zum Hauptsteuerkolben k frei wird. Der Hauptsteuerkolben ist durch seinen Schaft fest mit der Ventilspindel i verbunden und öffnet das Dampfventil l, sobald das Öl unter den Hauptsteuerkolben gelangt.

XVI. Kleinturbinen.

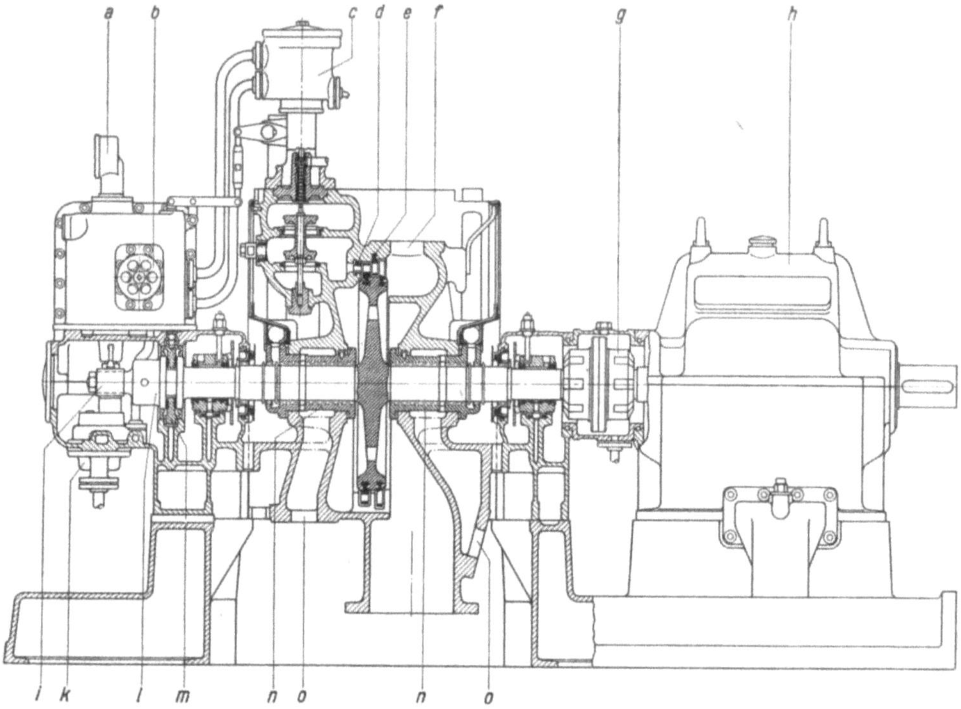

Abb. 125. **Schnellaufende einstufige Kleinturbine (SSW)** als Gleichdruckturbine mit einem Curtisrad ausgeführt, für Leistungen von 300—1200 kW und Drehzahlen von 5000—7000 U/Min. Düsen-Drosselregelung. *a* Drehzahlanzeiger, *b* Drehzahlverstellvorrichtung, *c* Steuerzylinder, *d* Düsen, *e* Umlenkschaufeln, *f* Flansch für Sicherheits- und Entlüftungsventil, *g* Kupplung, *h* Getriebe, *i* Antrieb für Regler und Ölpumpe, *k* Zahnradölpumpe, *l* Schnellschluß, *m* Block-Drucklager, *n* Labyrinthstopfbüchse, *o* Stopfbüchsenabdampf.

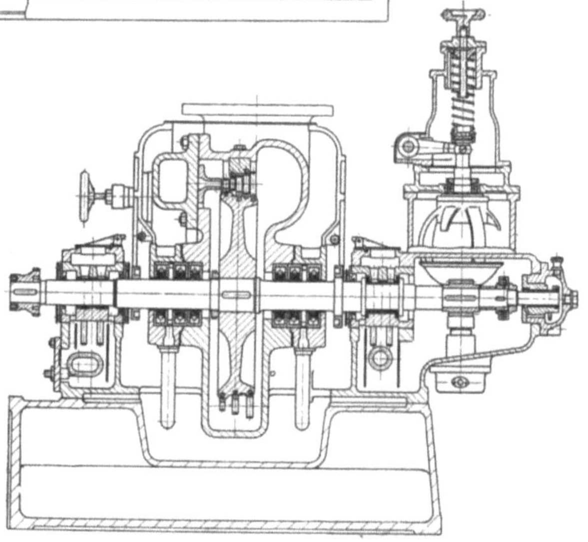

Abb. 126. **Kleinturbine** (Brückner, Kanis & Co.). Dreikränziges Curtisrad, direkte Regelung, Ringschmierung, Kohlestopfbüchsen.

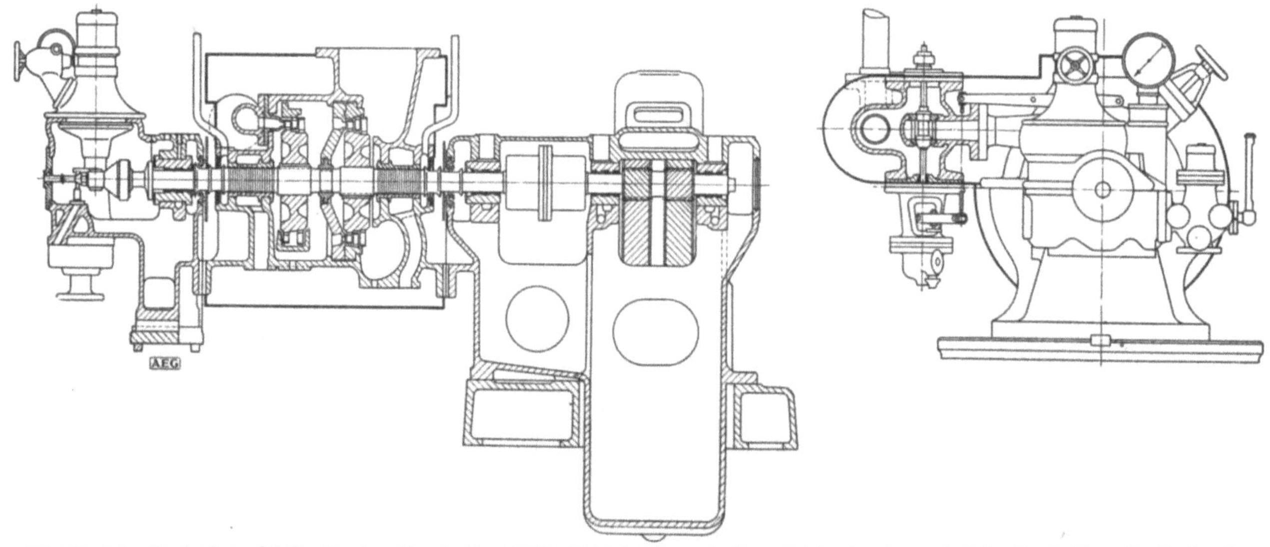

Abb. 127. **Schnellaufende zweistufige Kondensationsturbine (AEG).** Gleichdruckbauart mit zwei hintereinandergeschalteten Curtisrädern; direkte Regelung ohne Kraftgetriebe.

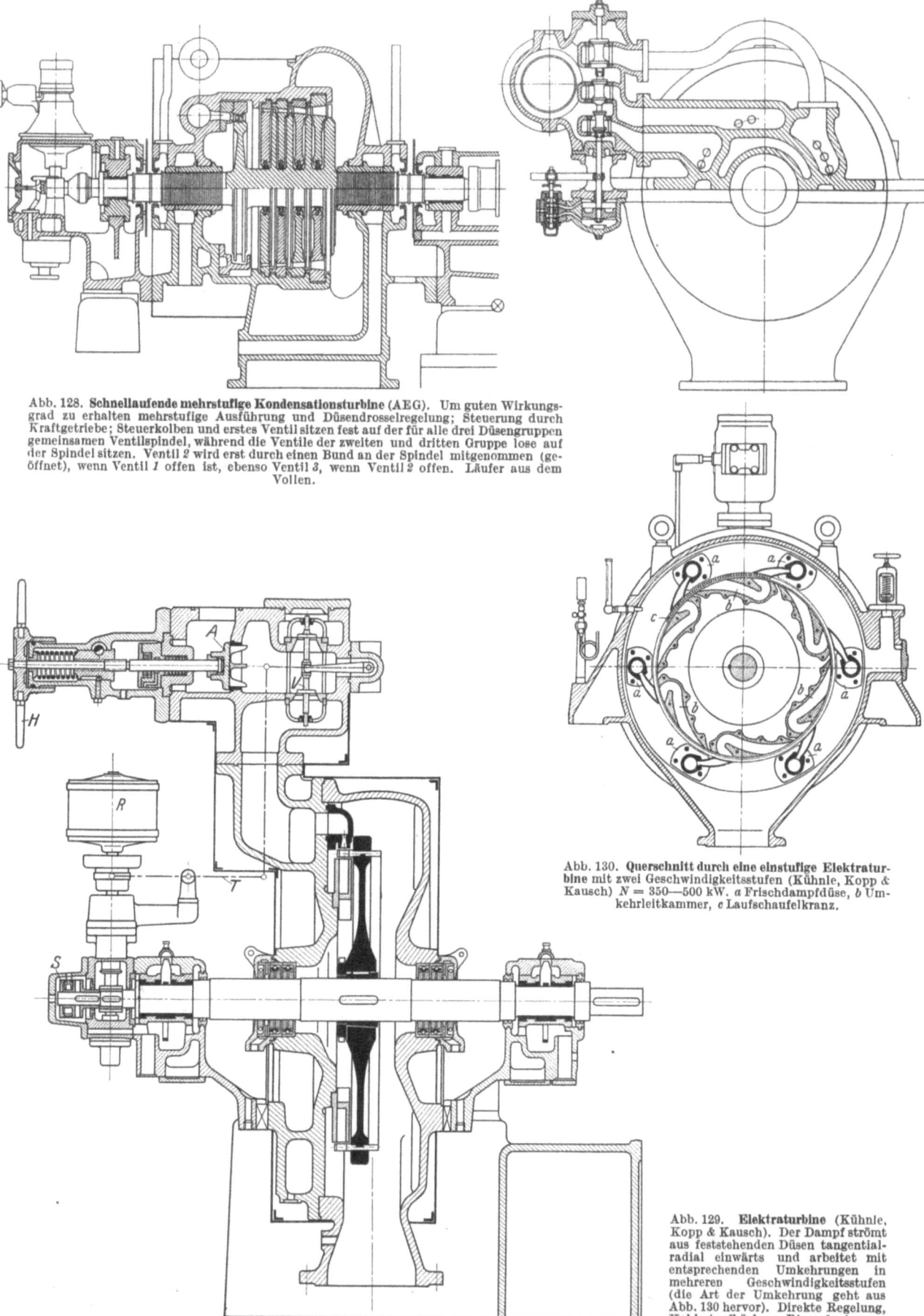

Abb. 128. **Schnellaufende mehrstufige Kondensationsturbine (AEG).** Um guten Wirkungsgrad zu erhalten mehrstufige Ausführung und Düsendrosselregelung; Steuerung durch Kraftgetriebe; Steuerkolben und erstes Ventil sitzen fest auf der für alle drei Düsengruppen gemeinsamen Ventilspindel, während die Ventile der zweiten und dritten Gruppe lose auf der Spindel sitzen. Ventil 2 wird erst durch einen Bund an der Spindel mitgenommen (geöffnet), wenn Ventil *1* offen ist, ebenso Ventil *3*, wenn Ventil *2* offen. Läufer aus dem Vollen.

Abb. 130. **Querschnitt durch eine einstufige Elektraturbine mit zwei Geschwindigkeitsstufen (Kühnle, Kopp & Kausch)** $N = 350-500$ kW. *a* Frischdampfdüse, *b* Umkehrleitkammer, *c* Laufschaufelkranz.

Abb. 129. **Elektraturbine (Kühnle, Kopp & Kausch).** Der Dampf strömt aus feststehenden Düsen tangential-radial einwärts und arbeitet mit entsprechenden Umkehrungen in mehreren Geschwindigkeitsstufen (die Art der Umkehrung geht aus Abb. 130 hervor). Direkte Regelung, Kohlestopfbüchsen, Ringschmierung.

XVII. Kondensationsturbinen mittlerer und großer Leistung.

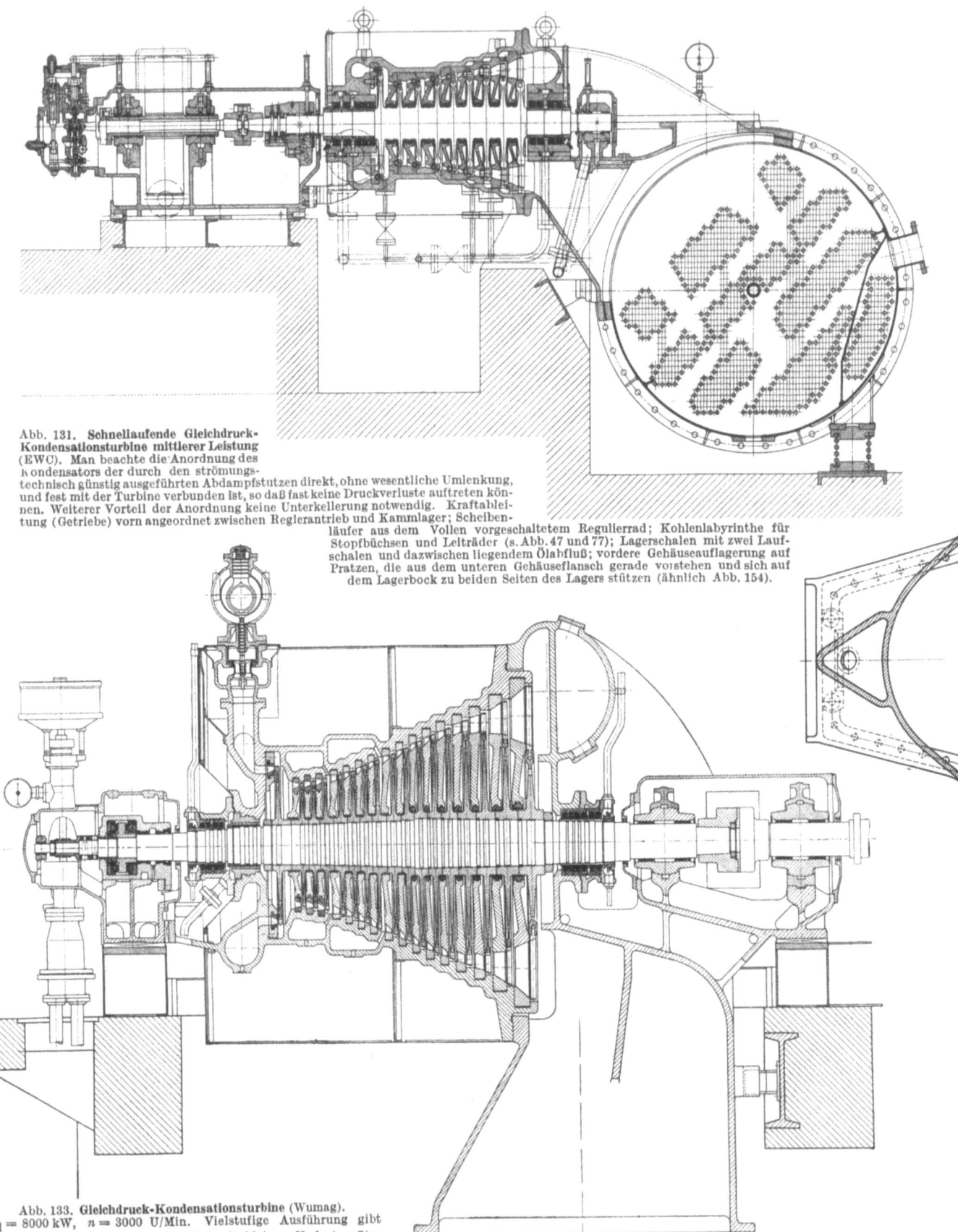

Abb. 131. **Schnellaufende Gleichdruck-Kondensationsturbine mittlerer Leistung** (EWC). Man beachte die Anordnung des Kondensators der durch den strömungstechnisch günstig ausgeführten Abdampfstutzen direkt, ohne wesentliche Umlenkung, und fest mit der Turbine verbunden ist, so daß fast keine Druckverluste auftreten können. Weiterer Vorteil der Anordnung keine Unterkellerung notwendig. Kraftableitung (Getriebe) vorn angeordnet zwischen Reglerantrieb und Kammlager; Scheibenläufer aus dem Vollen vorgeschaltetem Regulierrad; Kohlenlabyrinthe für Stopfbüchsen und Leiträder (s. Abb. 47 und 77); Lagerschalen mit zwei Laufschalen und dazwischen liegendem Ölabfluß; vordere Gehäuseauflagerung auf Pratzen, die aus dem unteren Gehäuseflansch gerade vorstehen und sich auf dem Lagerbock zu beiden Seiten des Lagers stützen (ähnlich Abb. 154).

Abb. 133. **Gleichdruck-Kondensationsturbine** (Wumag). $N_{el} = 8000$ kW, $n = 3000$ U/Min. Vielstufige Ausführung gibt kleine Dampfgeschwindigkeiten und damit kleinere Verluste; Stufendurchmesser steigt verhältnismäßig stark an; Düsenregelung mit vorgeschaltetem einkränzigen Regelrad; die Laufräder mit kleinem Durchmesser sind direkt auf die Welle aufgepreßt, diejenigen mit größerem Durchmesser sind auf Tragringe gesetzt; Wellenabdichtung vorn mit einer kombinierten Labyrinth-Kohlering-Stopfbüchse (s. Abb. 76), hinten nur mit Kohleringen. Aufhängung des Gehäuses mit Ringflansch am vorderem Lagerbock, hinten Lagerbock mit Abdampfstutzen aus einem Stück, wobei jedoch nicht der Abdampfstutzen unterstützt ist, sondern der Lagerbock auf dem Grundrahmen aufliegt. Der Abdampfstutzen besitzt im Oberteil eine dreieckförmig ausgebildete Versteifungsrippe (s. auch kleine Abbildung rechts oben), die einen waagerechten Schnitt durch den oberen Abdampfstutzen in Höhe der Rippe darstellt).

31

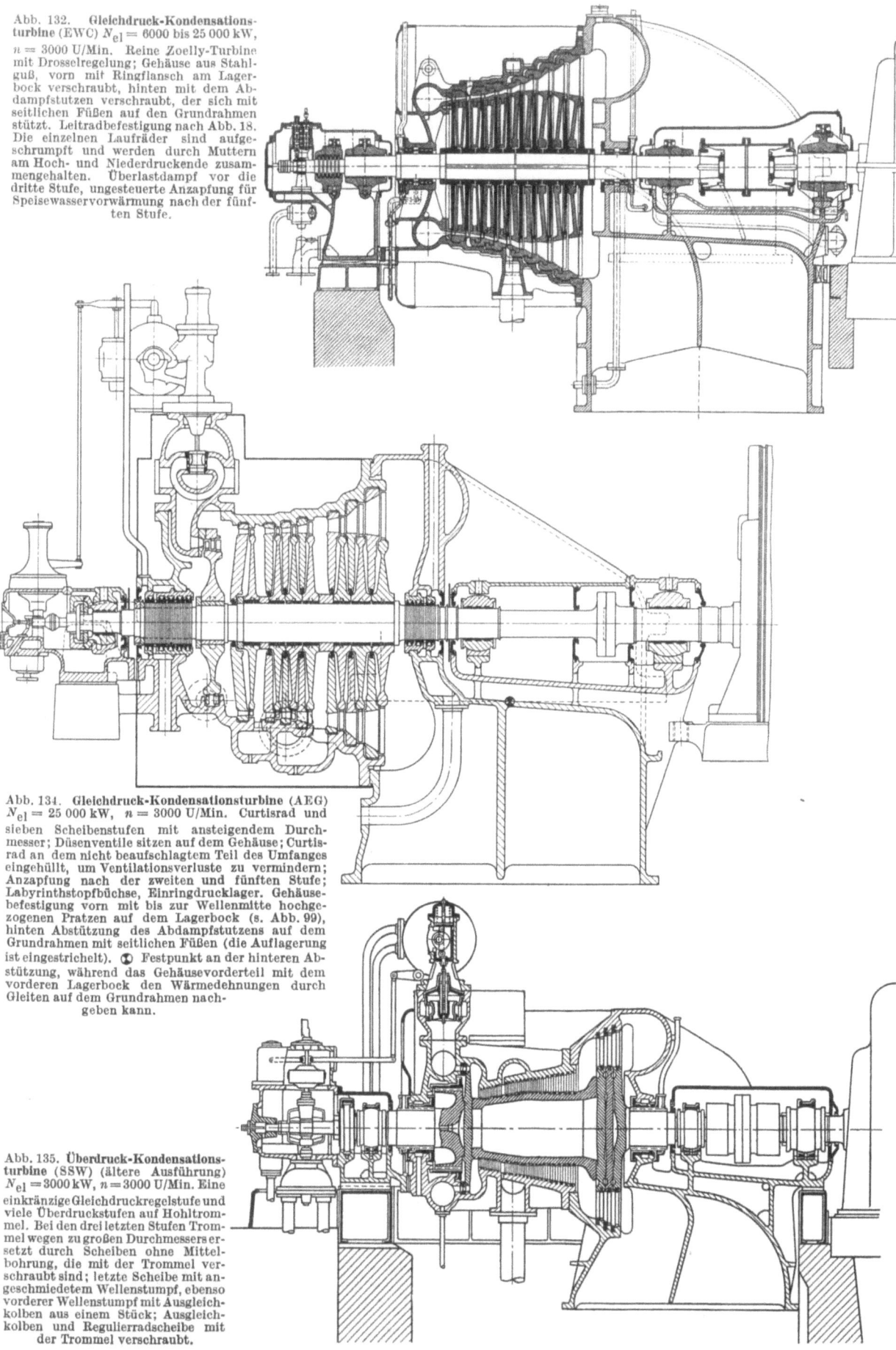

Abb. 132. **Gleichdruck-Kondensationsturbine (EWC)** $N_{el} =$ 6000 bis 25 000 kW, $n =$ 3000 U/Min. Reine Zoelly-Turbine mit Drosselregelung; Gehäuse aus Stahlguß, vorn mit Ringflansch am Lagerbock verschraubt, hinten mit dem Abdampfstutzen verschraubt, der sich mit seitlichen Füßen auf den Grundrahmen stützt. Leitradbefestigung nach Abb. 18. Die einzelnen Lauffäder sind aufgeschrumpft und werden durch Muttern am Hoch- und Niederdruckende zusammengehalten. Überlastdampf vor die dritte Stufe, ungesteuerte Anzapfung für Speisewasservorwärmung nach der fünften Stufe.

Abb. 134. **Gleichdruck-Kondensationsturbine (AEG)** $N_{el} =$ 25 000 kW, $n =$ 3000 U/Min. Curtisrad und sieben Scheibenstufen mit ansteigendem Durchmesser; Düsenventile sitzen auf dem Gehäuse; Curtisrad an dem nicht beaufschlagtem Teil des Umfanges eingehüllt, um Ventilationsverluste zu vermindern; Anzapfung nach der zweiten und fünften Stufe; Labyrinthstopfbüchse, Einringdrucklager. Gehäusebefestigung vorn mit bis zur Wellenmitte hochgezogenen Pratzen auf dem Lagerbock (s. Abb. 99), hinten Abstützung des Abdampfstutzens auf dem Grundrahmen mit seitlichen Füßen (die Auflagerung ist eingestrichelt). ⊙ Festpunkt an der hinteren Abstützung, während das Gehäusevorderteil mit dem vorderen Lagerbock den Wärmedehnungen durch Gleiten auf dem Grundrahmen nachgeben kann.

Abb. 135. **Überdruck-Kondensationsturbine (SSW)** (ältere Ausführung) $N_{el} =$ 3000 kW, $n =$ 3000 U/Min. Eine einkränzige Gleichdruckregelstufe und viele Überdruckstufen auf Hohltrommel. Bei den drei letzten Stufen Trommel wegen zu großen Durchmessers ersetzt durch Scheiben ohne Mittelbohrung, die mit der Trommel verschraubt sind; letzte Scheibe mit angeschmiedetem Wellenstumpf, ebenso vorderer Wellenstumpf mit Ausgleichkolben aus einem Stück; Ausgleichkolben und Regulierradscheibe mit der Trommel verschraubt.

Loschge, Konstruktionen.

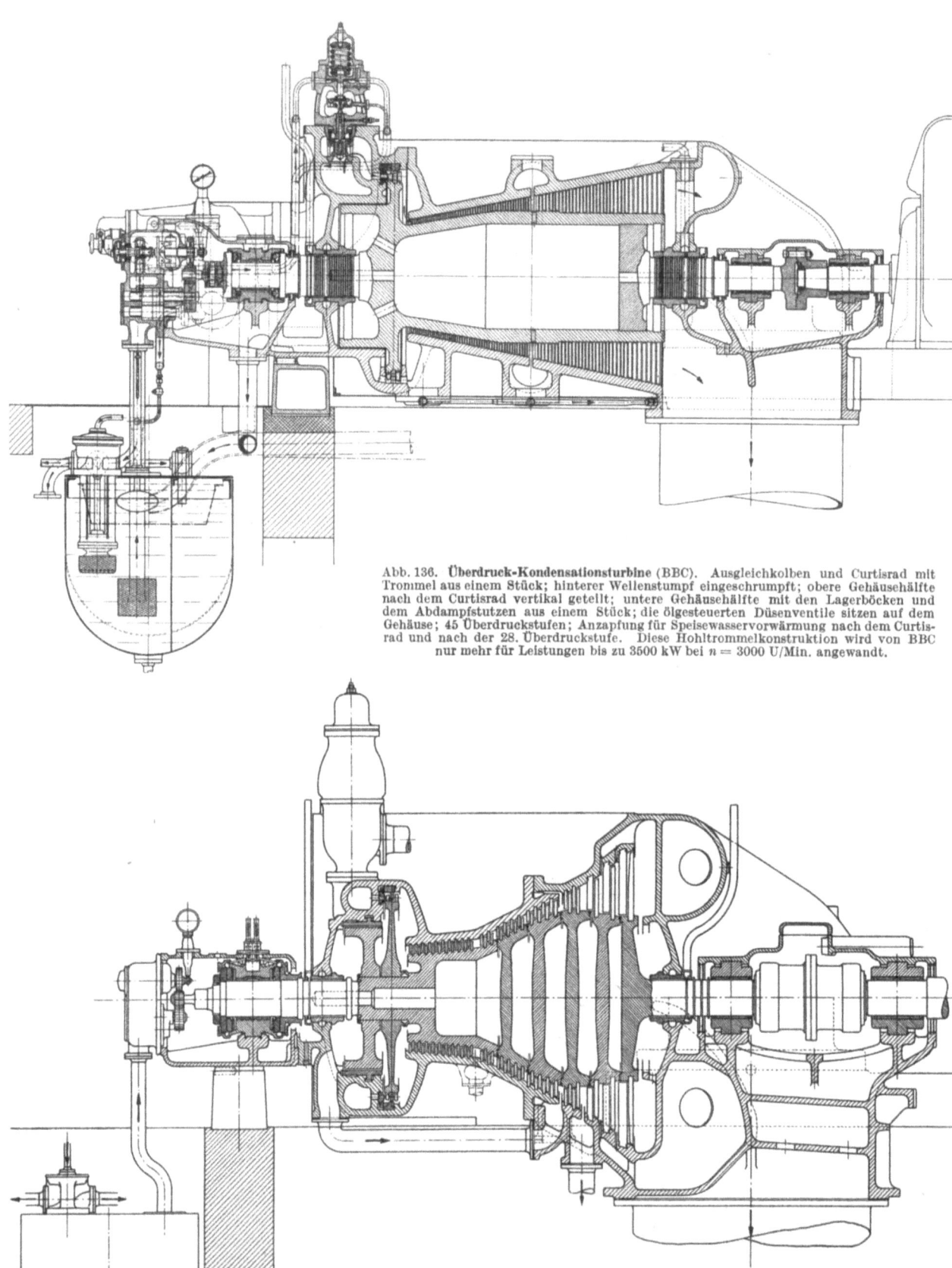

Abb. 136. **Überdruck-Kondensationsturbine** (BBC). Ausgleichkolben und Curtisrad mit Trommel aus einem Stück; hinterer Wellenstumpf eingeschrumpft; obere Gehäusehälfte nach dem Curtisrad vertikal geteilt; untere Gehäusehälfte mit den Lagerböcken und dem Abdampfstutzen aus einem Stück; die ölgesteuerten Düsenventile sitzen auf dem Gehäuse; 45 Überdruckstufen; Anzapfung für Speisewasservorwärmung nach dem Curtisrad und nach der 28. Überdruckstufe. Diese Hohltrommelkonstruktion wird von BBC nur mehr für Leistungen bis zu 3500 kW bei $n = 3000$ U/Min. angewandt.

Abb. 137. **Überdruck-Kondensationsturbine** (BBC) $N_{el} = 16\,000$ bis $20\,000$ kW, $n = 3000$ U/Min. Überdruckstufen mit stark ansteigendem Durchmesser auf geschweißtem Läufer (sehr steif); Curtisrad mit Ausgleichkolben auf vorderem Wellenstumpf aufgeschrumpft und verschweißt; Gehäuse vertikal in der Mitte geteilt; Versteifungsrippen im weit nach hinten geführten Abdampfstutzen; Dampf vom Ausgleichkolben wird einer späteren Stufe zur Arbeitsleistung wieder zugeführt, dadurch kein vollständiger Ausgleich des Axialschubes, deshalb das Drucklager sehr kräftig ausgeführt; Anzapfung vor der drittletzten Stufe; Absaugung in dem Kondensator vor den zwei letzten Stufen zur Verminderung der Dampfnässe (s. auch Abb. 49—51); die letzten Laufschaufeln wegen großer Schaufellänge verjüngt ausgeführt. Der Abdampfstutzen besitzt im Ober- und Unterteil dreieckförmig ausgebildete Versteifungsrippen (s. auch Abb. 133).

Abb. 138. Gleichdruck-Kondensationsturbine (AEG).
N_{el} = 35 000 bis 45 000 kW n = 3000 U/Min. Grenzleistungsmaschine bei Eingehäusebauart. 45 000 kW bei schlechtem Vakuum zu erreichen, während bei gutem Vakuum wegen der hohen spezifischen Dampfvolumen nur etwa 35 000 kW erreicht werden können. Aufbau: Gleichdruck-Regelrad, sechs Stufen mit kleinerem Durchmesser und drei Stufen mit großem Durchmesser und geringer Reaktion; mittlerer Durchmesser der letzten Stufe 2 m, so daß an den Schaufelenden eine Umfangsgeschwindigkeit von beinahe 400 m/Sek. erreicht wird. Die Zwischenböden der sechs Stufen mit kleinem Durchmesser sitzen in einem Innenzylinder, der durch Stege mit dem äußeren Gehäuse fest verbunden ist. Läuferdrehvorrichtung am Kupplungsflansch; sonstiger Aufbau und Lagerung wie bei Abb. 134.

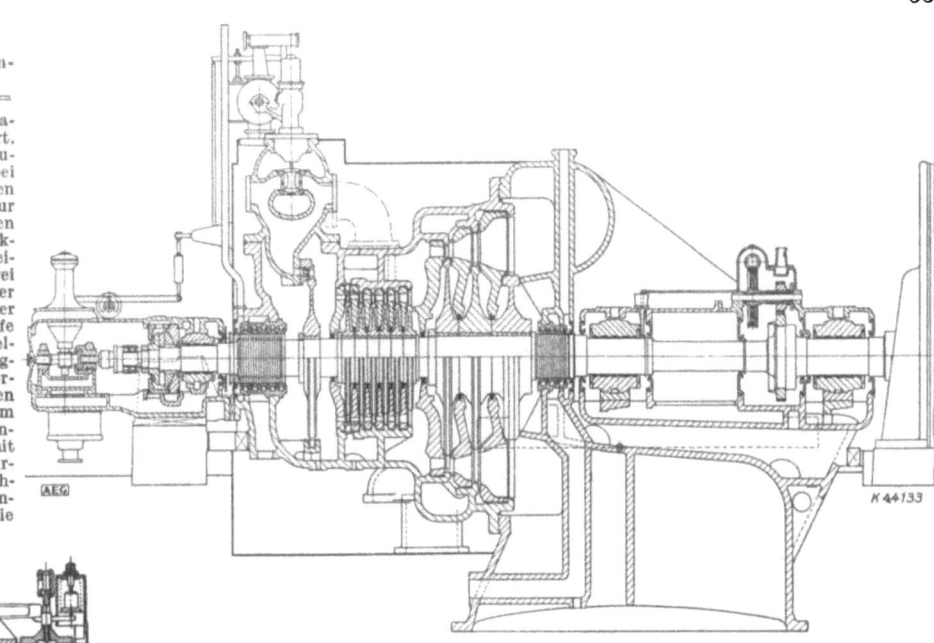

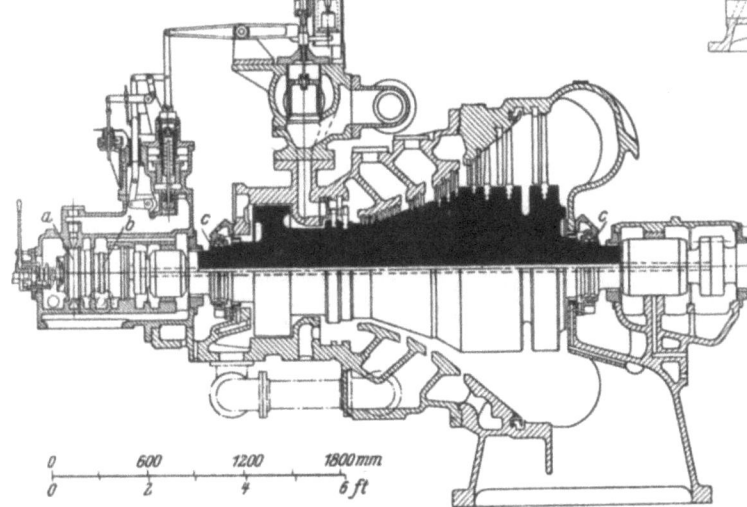

Abb. 139. Überdruck-Kondensationsturbine (Westinghouse). N_{el} = 10 000 kW, n = 3600 U/Min. a Ölpumpe, b Einring-Drucklager, c Wasserstoffbüchse. Massiver Trommelläufer mit unmittelbar in die Trommel eingesetzter Curtis-Beschaufelung, dann viele Überdruckstufen mit ansteigendem Durchmesser. Das Gehäuse, dessen steife Gestaltung im Überdruckteil man besonders beachten muß, ist axial zweiteilig und hat vier Anzapfstutzen zur Speisewasservorwärmung.

Abb. 140. Überdruck-Kondensationsturbine mit Baumann-Beschaufelung in den letzten Stufen (Westinghouse). Zweiteiliger massiver Trommelläufer, vorderer Teil mit dem zweistufigen Ausgleichkolben trägt nur die Curtis-Beschaufelung. Baumann-Schaufeln (s. Abb. 30) zweimal hintereinander angewandt, also dreifache Dampfabführung zum Kondensator. Das Gehäuse mit den eingesetzten Innenzylindern zeigt die für Westinghouse charakteristische Bauweise.

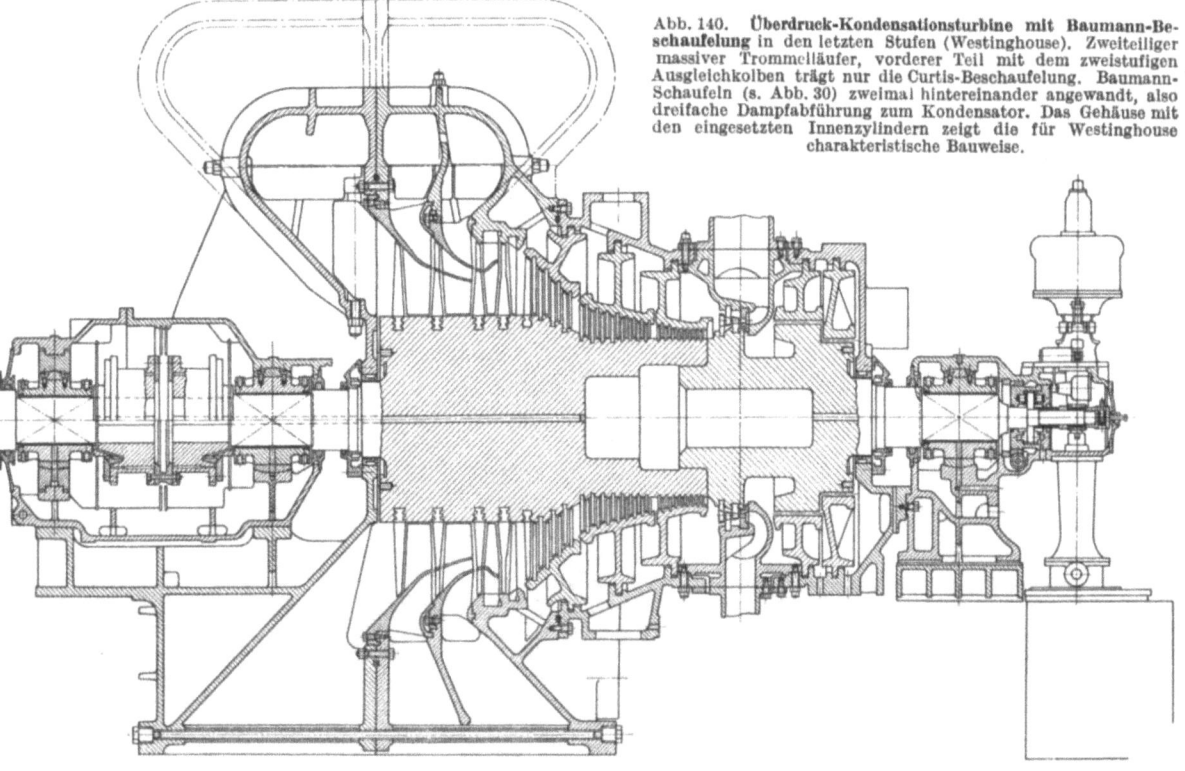

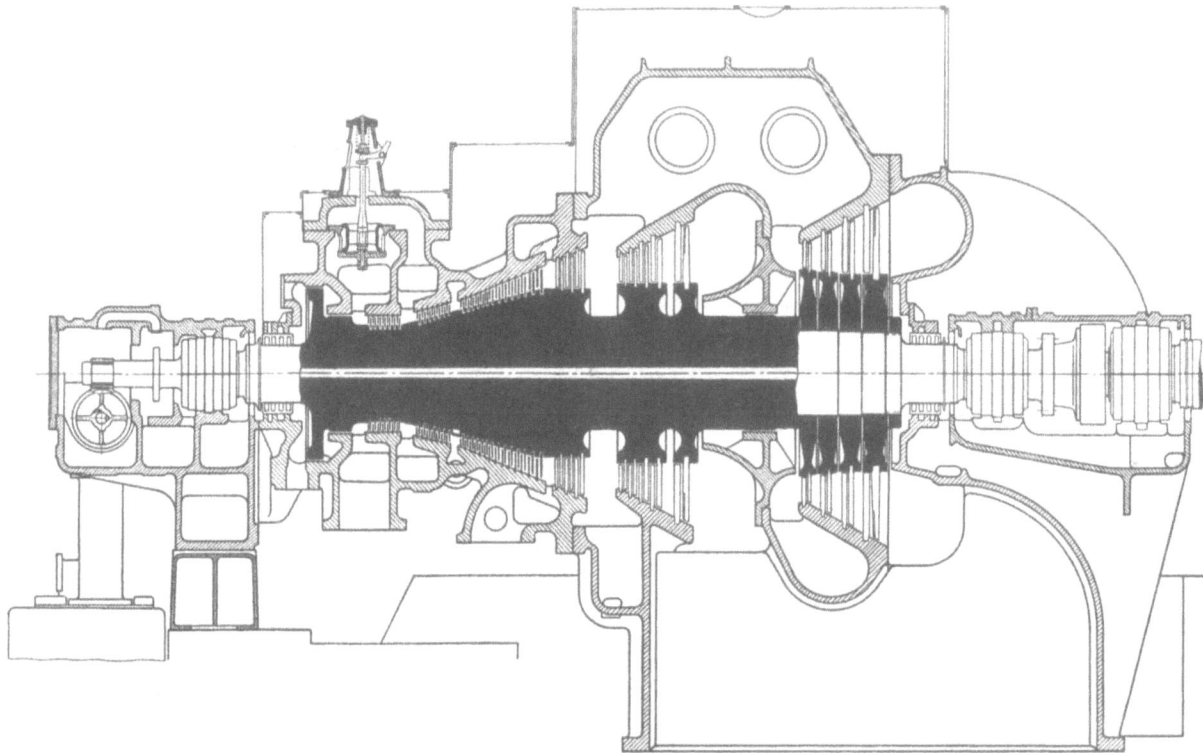

Abb. 141. **Zweiendige Eingehäuse-Überdruck-Kondensationsturbine** (C. A. Parsons). $N_{el} = 20\,000$ kW, $n = 3000$ U/Min. Um die großen Dampfmengen mit gutem Wirkungsgrad verarbeiten zu können, sind die letzten Stufen doppelflutig ausgeführt. Reine Überdruck-Beschaufelung; der Läufer besteht aus zwei Teilen, aus der massiven Trommel mit der ersten Gruppe von Niederdruckschaufeln, ferner aus Scheiben, die die zweite Niederdruckschaufelgruppe tragen, so daß diese mit einer größeren Umfangsgeschwindigkeit betrieben werden kann; das Regulierventil (Drosselventil) steht neben der Turbine, während durch das auf dem Gehäuse sitzende Überlastventil die erste Schaufelgruppe umgangen werden kann; mehrfache Anzapfung; zweistufiger Ausgleichkolben.

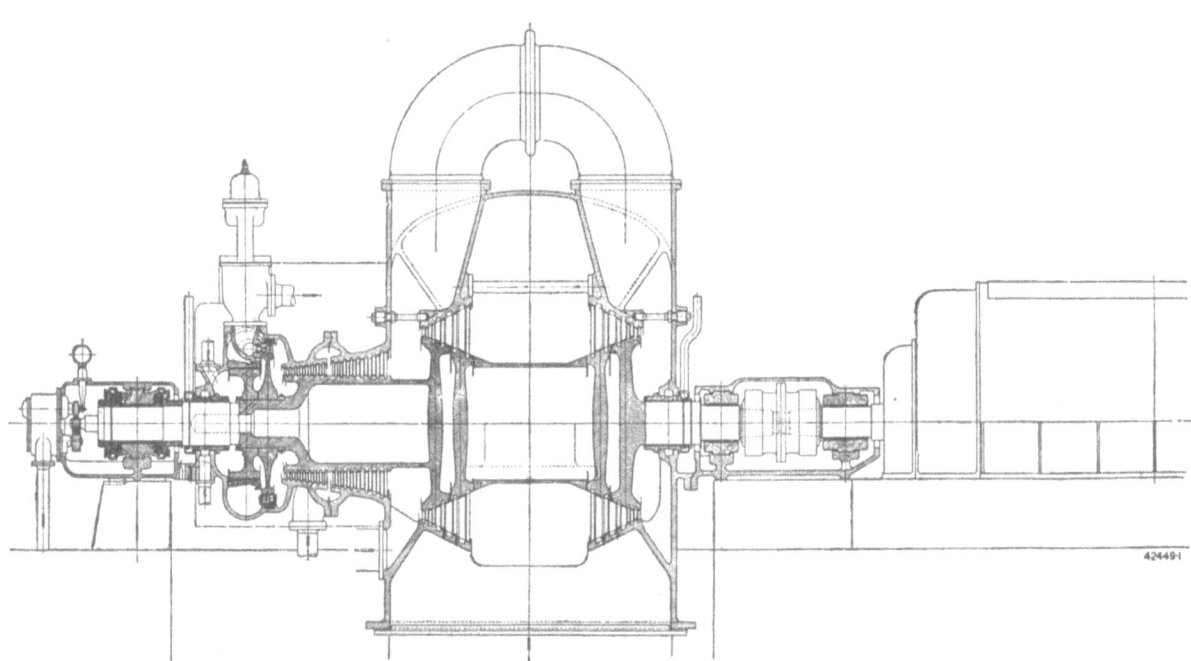

Abb. 142. **Zweiendige Eingehäuse-Kondensationsturbine** (BBC). Leistungen bis 50 000 kW, $n = 3000$ U/Min. Grenzleistungsturbine. Wegen der großen Leistung sind die fünf letzten Stufen doppelt ausgeführt; der Läufer ist vorn als Hohltrommel mit aufgeschrumpften Ausgleichkolben und Curtisrad gebaut; der doppelflutige Niederdruckteil mit Gegen-Dampfströmung ist als geschweißter Scheibenläufer mit zylindrischem Zwischenstück mit der vorderen Hohltrommel verschweißt; Anzapfung nach der achten Überdruckstufe und vor dem doppelflutigen Niederdruckteil; Düsenkästen wegen hoher Frischdampftemperatur im Gehäuse eingesetzt und verschweißt; Gehäuse bei der ersten Anzapfstelle geteilt.

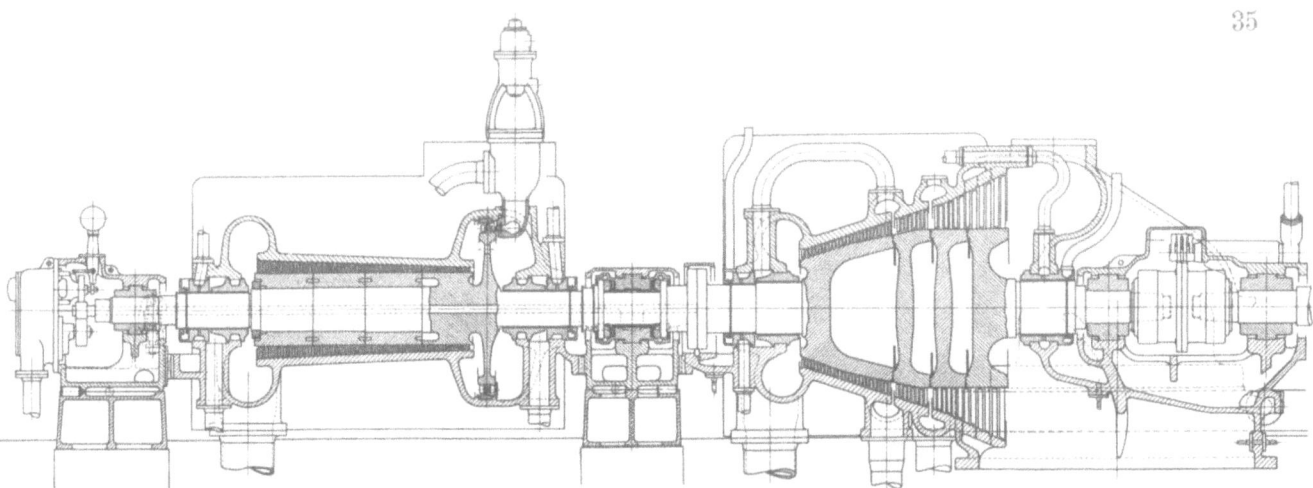

Abb. 143. **Zweigehäusige einflutige Überdruck-Kondensationsturbine** (BBC). N_{el} = 15 000 kW, n = 3000 U/Min. Bei sehr großem Wärmegefälle ist die Anwendung von Zweigehäuseturbinen notwendig. Im HD- und ND-Teil sind die Dampfströme gegeneinander geschaltet, so daß keine Ausgleichkolben notwendig sind, nur ein kräftiges Drucklager (kombiniertes Trag- und Drucklager), das zwischen den Gehäusen angeordnet ist. Curtisrad und erster Trommelteil des HD-Läufers aus einem Stück mit der durchgehenden Welle, während die weiteren Trommelteile auf die Welle aufgeschrumpft sind. Der ND-Läufer ist geschweißt. Die Düsenkästen sind direkt in das HD-Gehäuse eingeschweißt (s. Abb. 112). Gehäuseauflagerung in der Mitte mit gerade aus dem Flansch vorstehenden Pratzen, die seitlich des mittleren Lagerbocks sich abstützen (s. auch Abb. 154), vorn pendelnde Befestigung (s. Abb. 104).

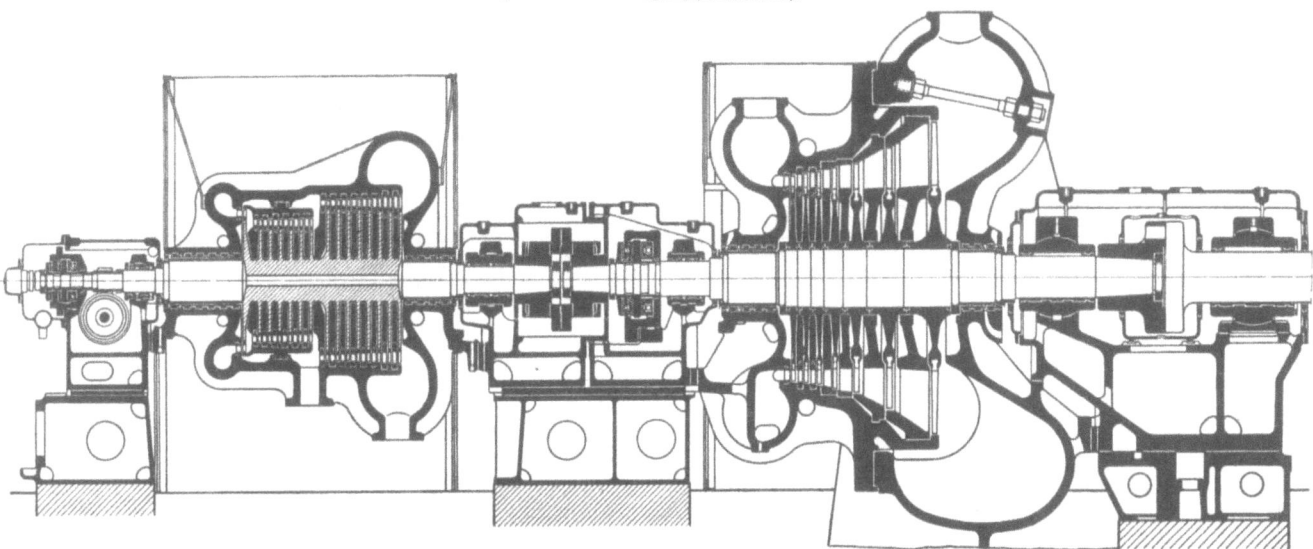

Abb. 144. **Zweigehäusige einflutige Kondensationsturbine** (MAN). N_{el} = 13 000 kW, n = 3000 U/Min. HD-Teil in Brünner-Bauart, Gleichdruckausführung im ND-Teil; HD-Läufer aus dem Vollen mit einkränzigem Regulierrad und zwei Durchmesserstufengruppen; ND-Läufer mit aufgesetzten Scheiben, durch eigenes Drucklager fixiert; zweifache Anzapfung im HD-Teil.

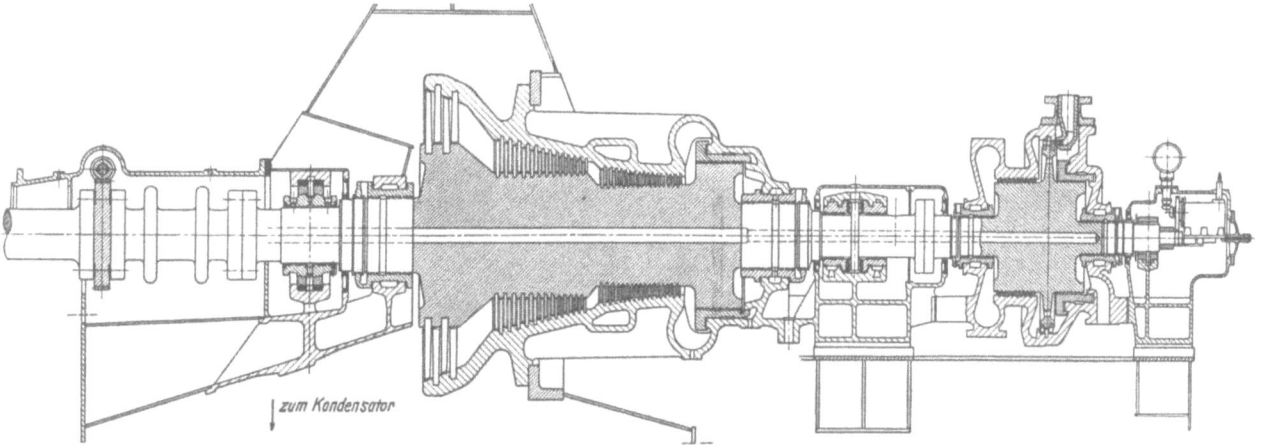

Abb. 145. **Zweigehäusige einflutige Überdruck-Kondensationsturbine** (SSW). (Schiffsturbine für elektrischen Antrieb.) N_{el} = 10 000 kW, n = 3000 U/Min. Frischdampf 80 ata, 480° C. Düsenkästen eingesetzt in Gehäuse; man beachte, daß der Ausgleichkolben der Hochdruckturbine fast so lang wie die ganze HD-Beschaufelung ist. Bei der letzten Schaufelreihe der ND-Turbine sind die Eintrittskanten aus Sonderstahl aufgeschweißt, damit sie gegen die zerstörende Wirkung der Wassertröpfchen besser geschützt sind. Abdampfstutzen wegen Gewichtsersparnis als geschweißte Blechkonstruktion ausgeführt. HD-Läufer nur vorn gelagert, hinten starr mit dem ND-Läufer gekuppelt, so daß das innenliegende ND-Lager als kombiniertes Trag- und Drucklager ausgeführt ist.

Anmerkung: Die hier gebrachten Abbildungen von Zweigehäuse-Turbinen betreffen durchwegs Ein-Wellen-Turbinen (Tandem-Anordnung). Für Sonderzwecke hat man in USA. auch Zweigehäuse-Maschinen mit zwei Wellen in Zweistock-Anordnung gebaut (s. hierzu Kraft: Die neuzeitliche Dampfturbine, 2. Aufl., Berlin, VDI-Verlag (1930) S. 195.

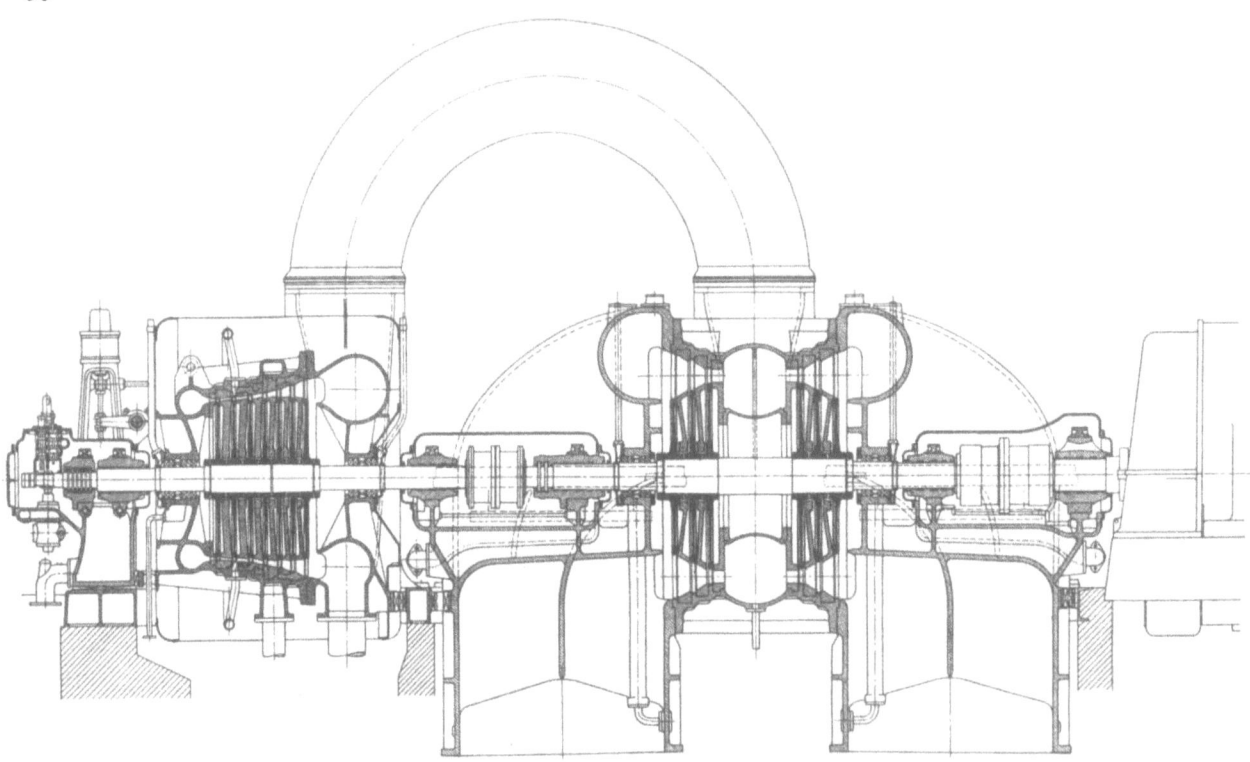

Abb. 146. **Zweigehäusige Gleichdruck-Kondensationsturbine (EWC).** Leistungen bis 40 000 kW, $n = 3000$ U/Min. Bei Zweigehäuseturbinen sind zwei Flüsse die normale Ausführung. Man erreicht dadurch bei gleich guter Auslegung gegenüber der Eingehäusemaschine einen um etwa 2—5 vH. besseren Wirkungsgrad. Reine Zoelly-Turbine mit Drosselregelung; sieben HD-Stufen und zweimal drei ND-Stufen; elastische Kupplung zwischen HD- und ND-Welle, deshalb für ND-Läufer ebenfalls kleines Drucklager notwendig.

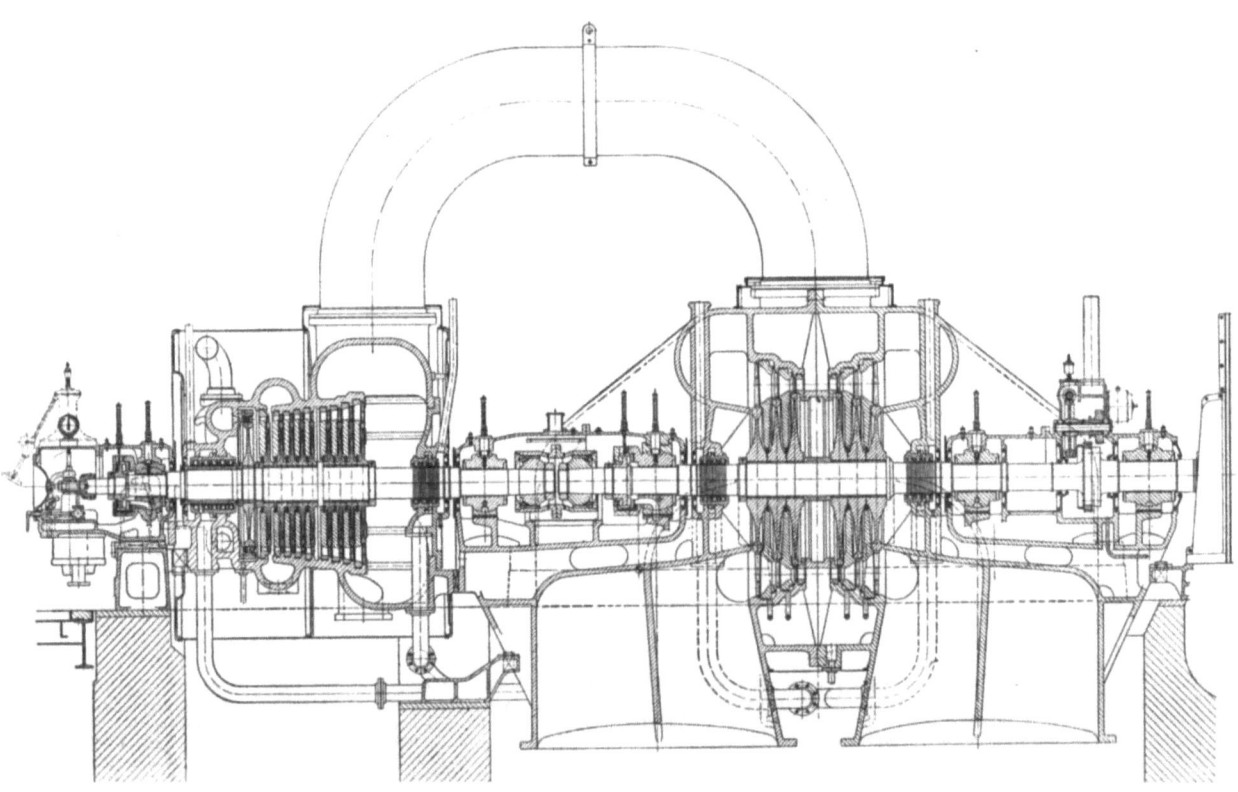

Abb. 147. **Zweigehäusige Gleichdruck-Kondensationsturbine (AEG).** Leistungen bis 40 000 kW, $n = 3000$ U/Min. Der HD-Teil besteht aus Curtisrad und neun Gleichdruckstufen, der ND-Teil aus zweimal drei Stufen mit geringer Reaktion; zwischen den beiden Läufern nachgiebige Verzahnungskupplung, deshalb für ND-Läufer auf der Innenseite kombiniertes Trag- und Drucklager; vor den letzten beiden ND-Stufen Wasserabführung.

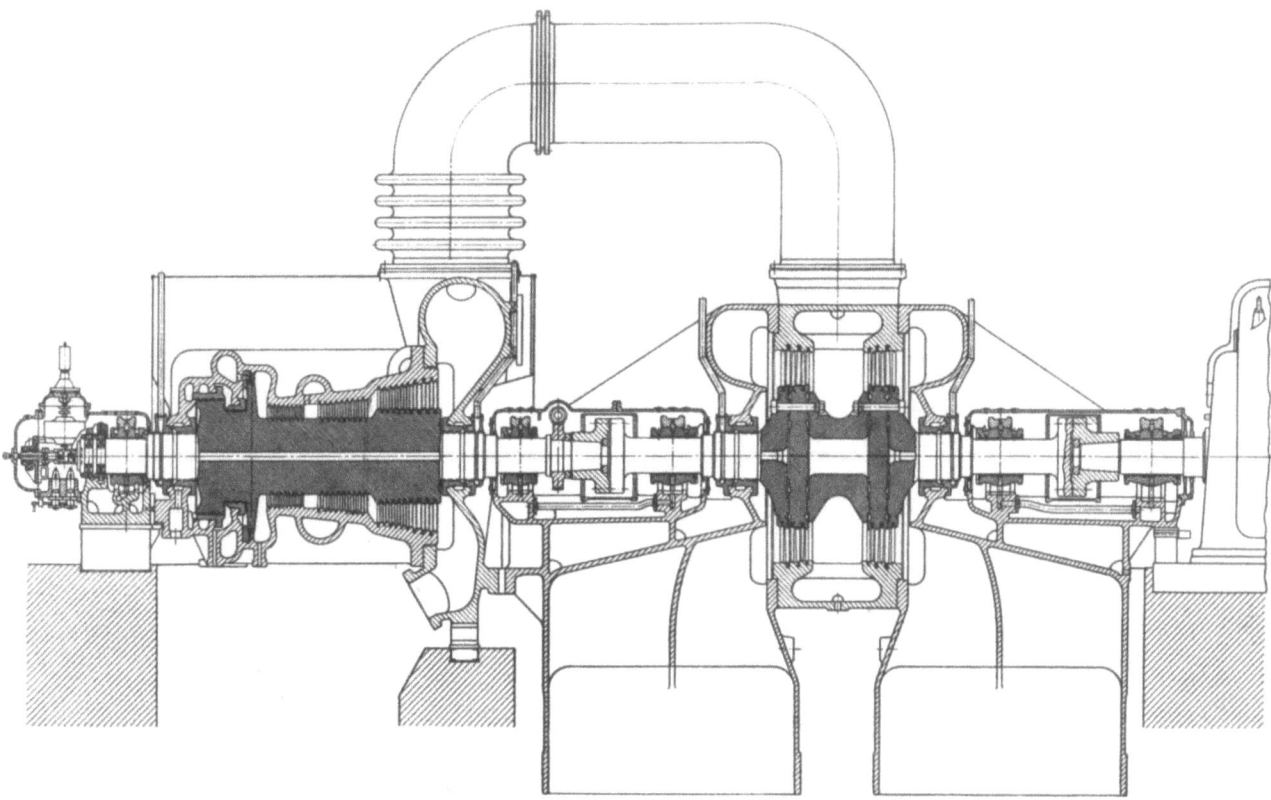

Abb. 148. **Zweigehäusige Überdruck-Kondensationsturbine** (SSW). $N_{el} = 40\,000$ kW, $n = 3000$ U/Min. HD-Läufer mit Regulierrad und zweistufigem Ausgleichkolben massiv. ND-Doppelflußläufer aus fünf Einzelstücken verschraubt. Starre Kupplung zwischen den Läufern; deshalb nur ein Drucklager nötig, das am vorderen Ende des HD-Läufers angeordnet ist.

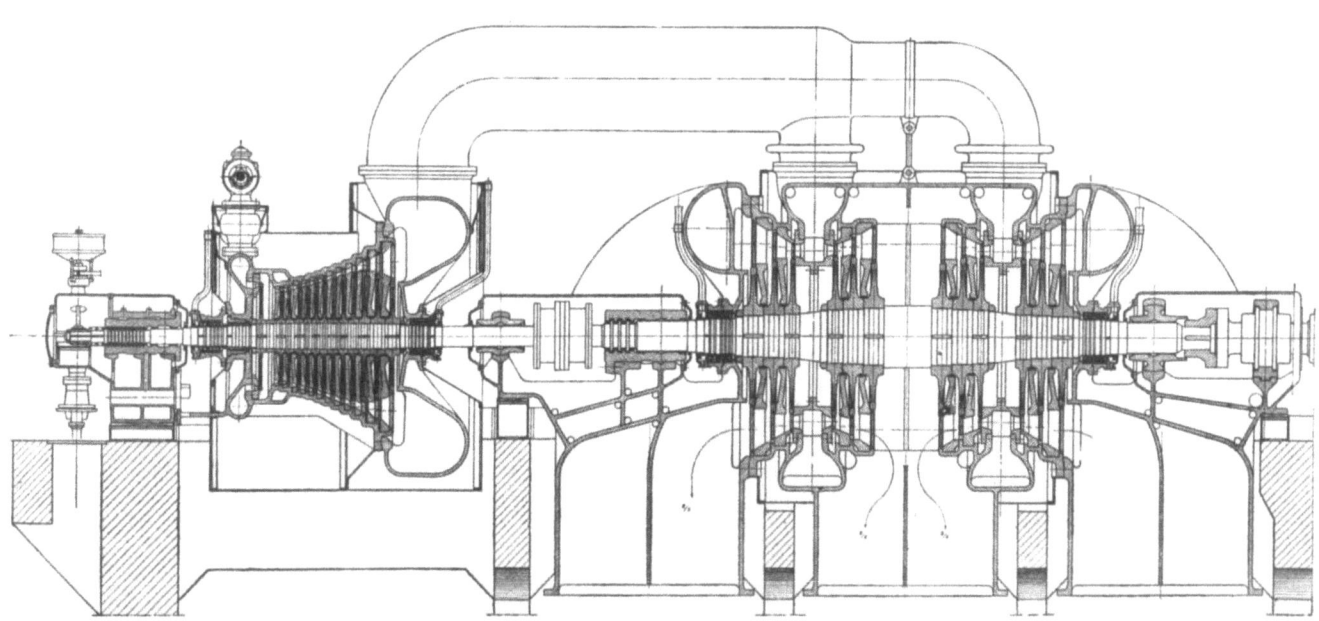

Abb. 149. **Zweigehäusige Vierfluß-Kondensationsturbine** (Wumag). $N_{el} = 50\,000$ kW, $n = 3000$ U/Min. Durch die vier Flüsse sehr gute Ausnützung hohen Vakuums möglich. Die Ausführung ist jedoch teuer und erfordert größeren Platzbedarf. Zwei doppelflutige ND-Teile sind parallelgeschaltet und in einem Gehäuse zusammengebaut. Der Abdampf der beiden mittleren Flüsse, die gegeneinander gerichtet sind, wird in einen Kondensator geleitet, während die äußeren Flüsse je einen eigenen Kondensator besitzen. [Ältere Ausführung der Wumag-4-Flußturbine s. Zietemann (1930) Abb. 376.]

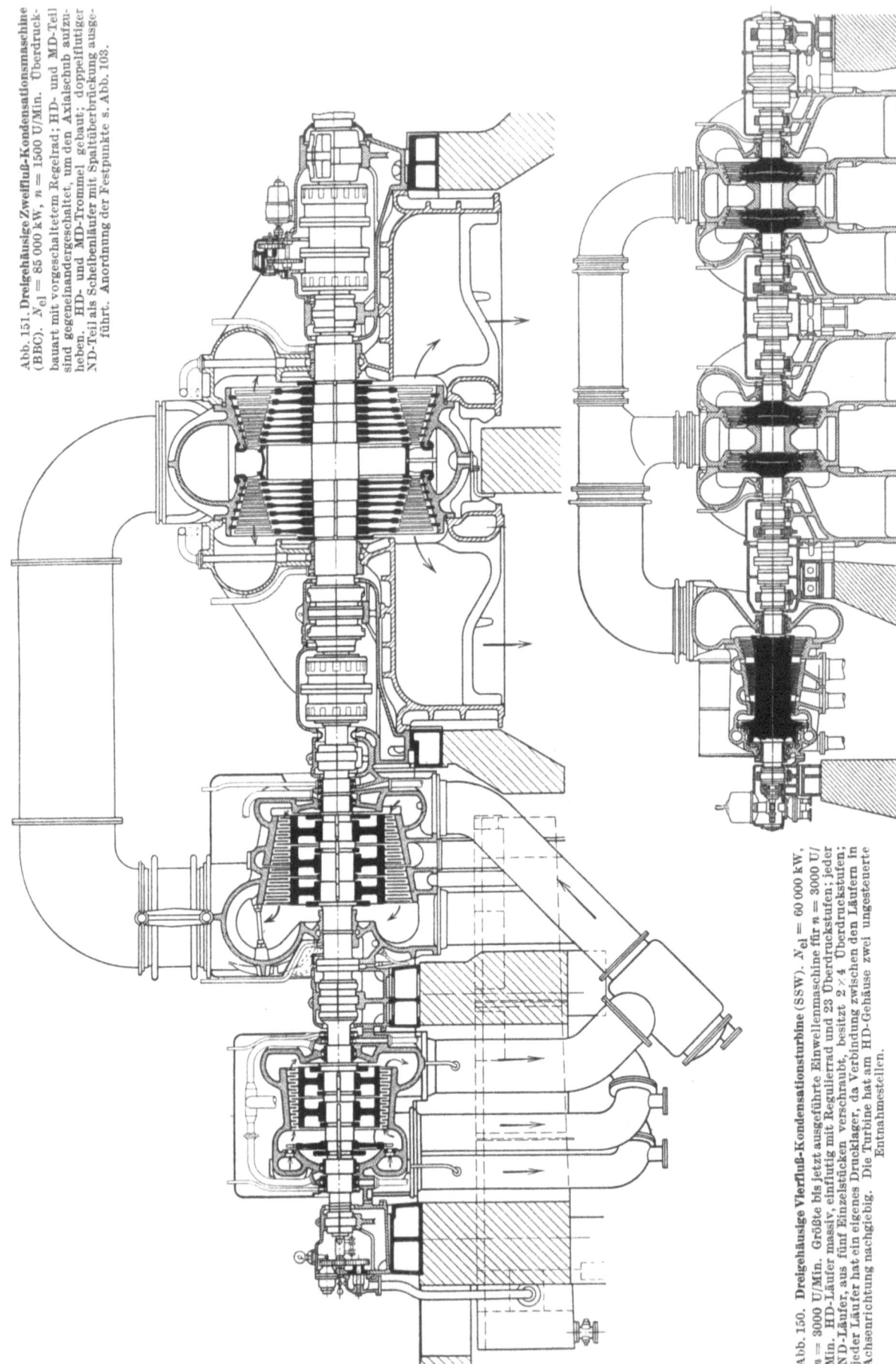

Abb. 151. Dreigehäusige Zweifluß-Kondensationsmaschine (BBC). $N_{el} = 85\,000$ kW, $n = 1500$ U/Min. Überdruckbauart mit vorgeschaltetem Regelrad; HD- und MD-Teil sind gegeneinandergeschaltet, um den Axialschub aufzuheben. HD- und MD-Trommel gebaut; doppelflutiger ND-Teil als Scheibenläufer mit Spaltüberbrückung ausgeführt. Anordnung der Festpunkte s. Abb. 103.

Abb. 150. Dreigehäusige Vierfluß-Kondensationsturbine (SSW). $N_{el} = 60\,000$ kW, $n = 3000$ U/Min. Größte bis jetzt ausgeführte Einwellenmaschine für $n = 3000$ U/Min. HD-Läufer massiv, einflutig mit Regulierrad und 23 Überdruckstufen; jeder ND-Läufer, aus fünf Einzelstücken verschraubt, besitzt 2×4 Überdruckstufen; jeder Läufer hat ein eigenes Drucklager, da Verbindung zwischen den Läufern in Achsenrichtung nachgiebig. Die Turbine hat am HD-Gehäuse zwei ungesteuerte Entnahmestellen.

XVIII. Gegendruck- und Vorschaltturbinen.

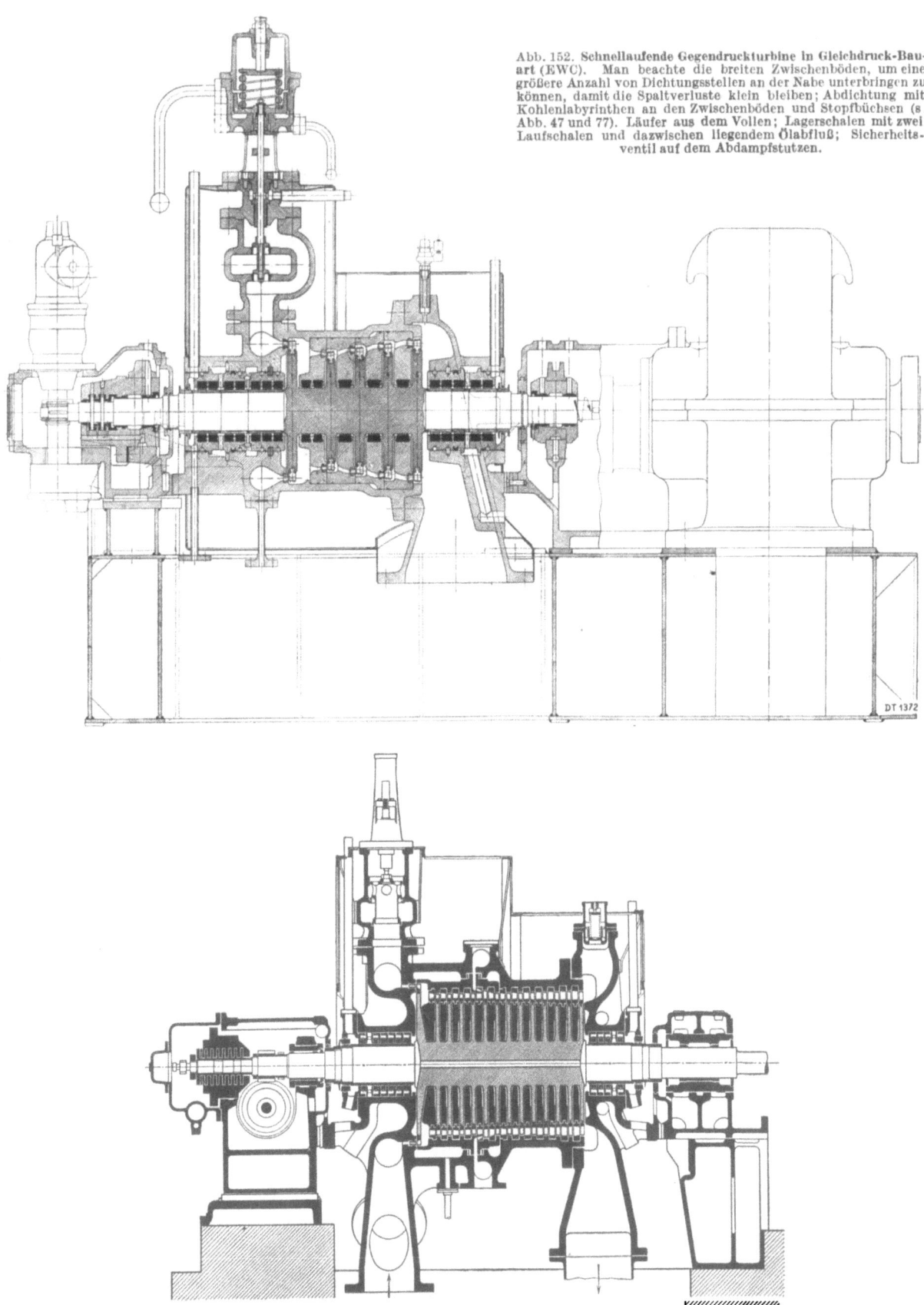

Abb. 152. Schnellaufende Gegendruckturbine in Gleichdruck-Bauart (EWC). Man beachte die breiten Zwischenböden, um eine größere Anzahl von Dichtungsstellen an der Nabe unterbringen zu können, damit die Spaltverluste klein bleiben; Abdichtung mit Kohlenlabyrinthen an den Zwischenböden und Stopfbüchsen (s. Abb. 47 und 77). Läufer aus dem Vollen; Lagerschalen mit zwei Laufschalen und dazwischen liegendem Ölabfluß; Sicherheitsventil auf dem Abdampfstutzen.

Abb. 153. Vielstufige Gegendruckturbine (Brünner-Bauart) (MAN). Rotor aus dem Vollen; volle Beaufschlagung der ersten Stufe, deshalb Überlast-Dampfeinführung vor die sechste Stufe. Die ersten sechs Leiträder sitzen in einem besonderen Innenzylinder (s. Abb. 17), während die folgenden direkt im Gehäuse befestigt sind.

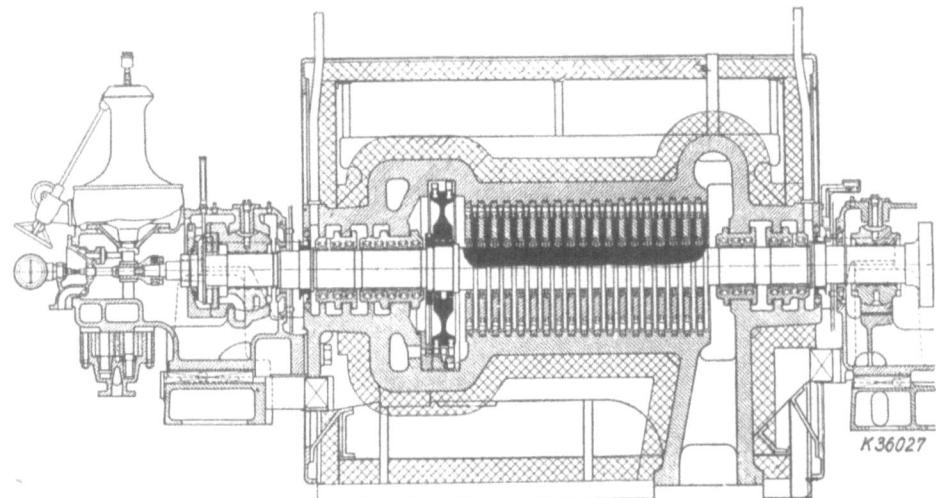

Abb. 154. HD-Vorschaltturbine (AEG). $N_{el} = 6000$ kW, $n = 3000$ U/Min. Frischdampf 120 ata, 460° C, Gegendruck 21,5 ata. Läufer aus dem Vollen mit aufgeschrumpftem Curtisrad; die Scheibenstufen arbeiten mit ganz geringer ansteigender Reaktion (von 0—5 vH.). Die Regelventile sitzen neben der Turbine; das Gehäuse ist vorn und hinten mit Pratzen auf dem Lagerstühlen in Höhe Wellenmitte gelagert und kann an der hinteren Auflagerung den axialen Wärmedehnungen durch Gleiten der Tragpratzen auf dem Lagerbock nachgeben, während vorn das Gehäuse durch eine axiale Verschraubung mit dem Lagerbock festgelegt ist (s. auch Abb. 99).

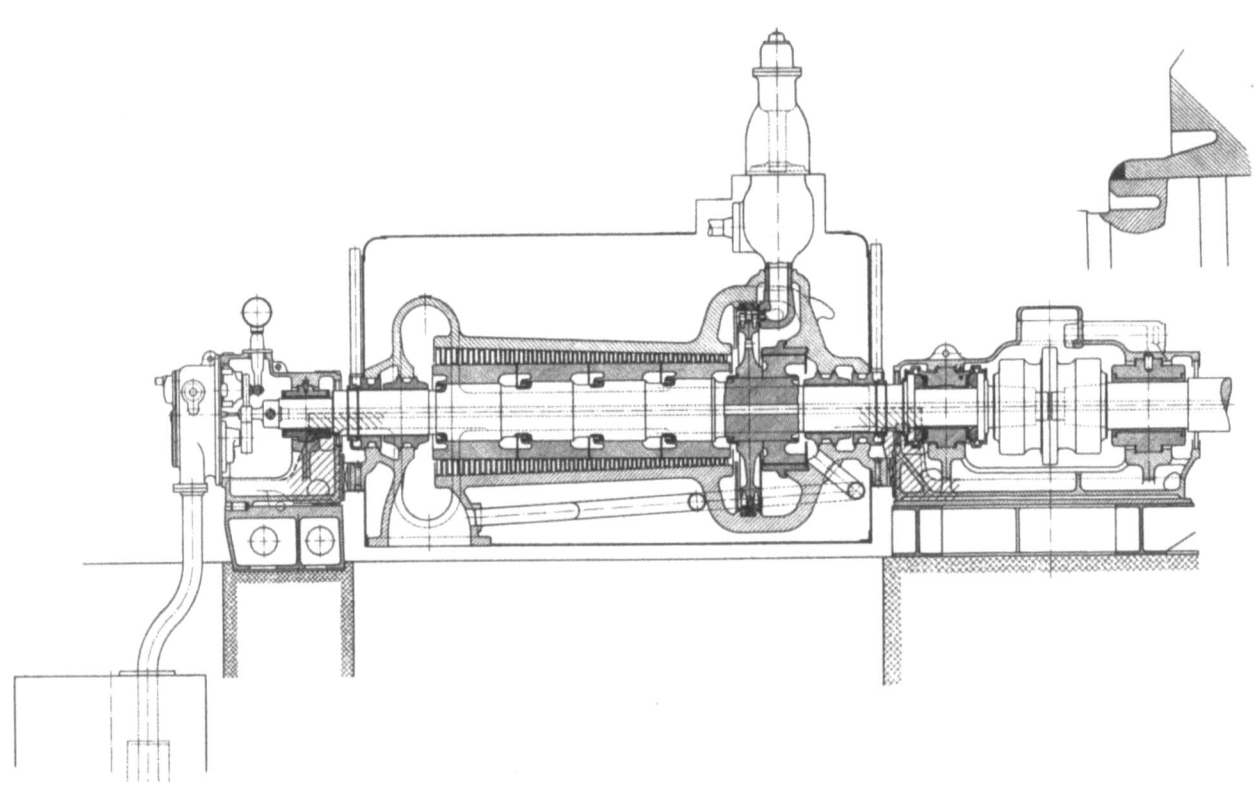

Abb. 155. Hochdruck-Vorschaltturbine (BBC). $N_{el} = 20\,000$ kW, $n = 3000$ U/Min. Frischdampf 120 ata, 475° C, Gegendruck 17 ata. Trommelteile für die Überdruckbeschaufelung sowie das Curtisrad und der Ausgleichkolben sind auf die Welle aufgeschrumpft und elastisch verschweißt (s. kleine Abbildung). Welle und aufgesetztes Trommelteil sind hierzu an der Schweißstelle stark hinterdreht. Die Ventile sitzen direkt am Gehäuse (s. Abb. 112). Auflagerung des Gehäuses vorn und hinten auf Pratzen, die hier aus dem unteren Gehäuseflansch gerade vorstehen und sich auf Gußständer zu beiden Seiten der Lager stützen.

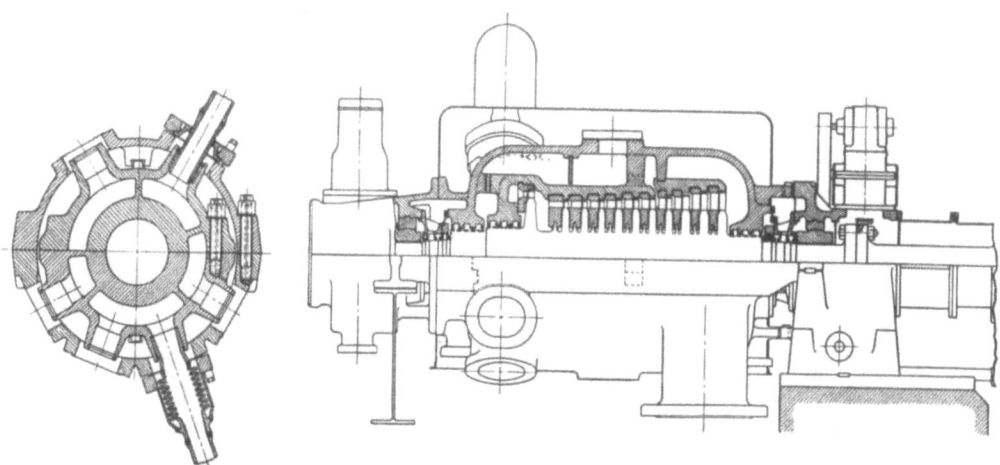

Abb. 156. **Hochdruck-Vorschaltturbine** (GEC). $N_{el} = 40\,000$ kW, $n = 3600$ U/Min. Frischdampf 88 ata, 500° C. Die Turbine ist als Doppelmantelturbine ausgeführt, d. h. sie hat zwei konzentrisch angeordnete Gehäuse, von denen jedes einen Teil des Innendruckes aufnimmt. Das vordere Innengehäuse umgibt die ersten sieben Stufen, so daß der Raum zwischen den beiden Gehäusen mit Dampf ausgefüllt ist, der den Druck nach der siebenten Stufe annimmt. Das innere Gehäuse wird von radialen Teilen (Rippen) in der senkrechten und waagerechten Mittelebene getragen und ist am Ende gleichachsig mit dem Rad der ersten Stufe gelagert, so daß es sich nach allen Richtungen frei ausdehnen kann. Die Regelventile sind unterhalb der Maschine angeordnet und durch kurze Rohre mit dem äußeren Mantel verbunden. Die Durchführung in das Innere geschieht durch bewegliche Verbindungen. Der Doppelmantel hat den Vorteil, daß die Wanddicke und ebenso die Wärmebeanspruchungen geringer werden.

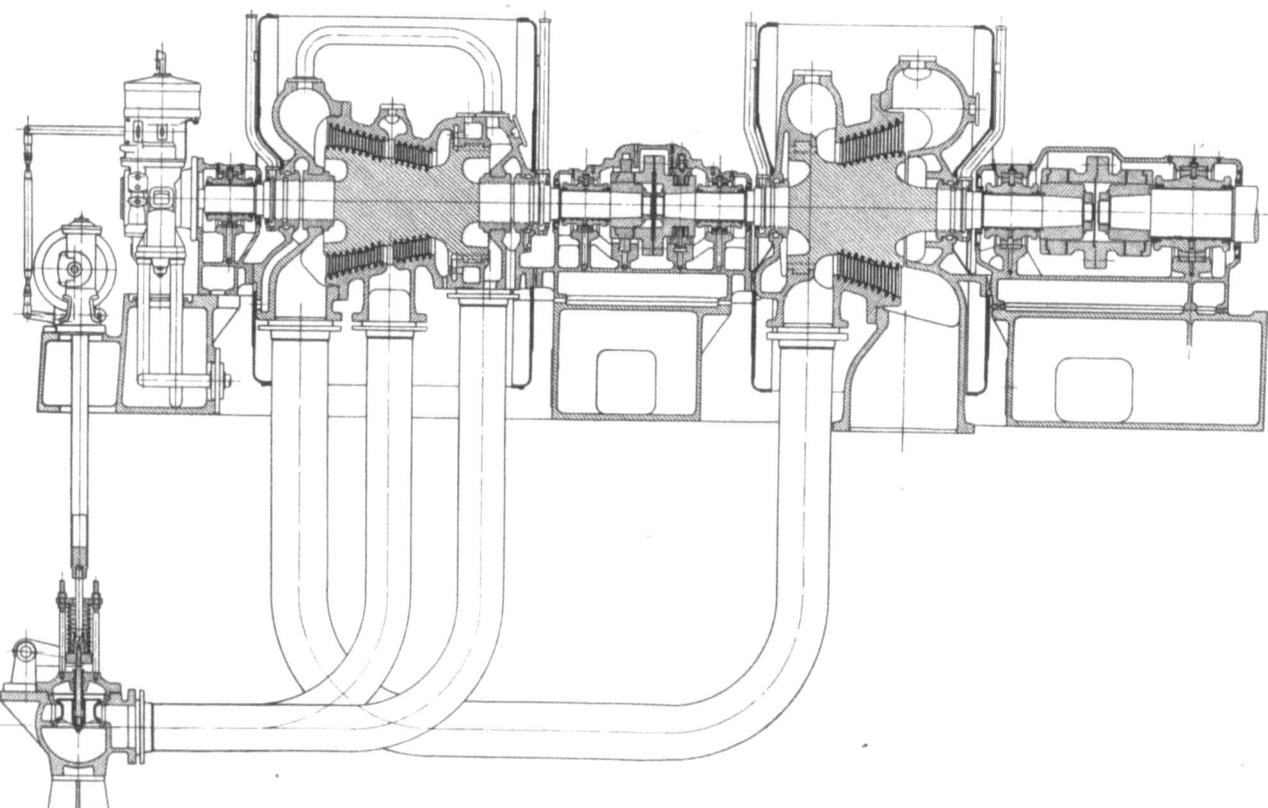

Abb. 157. **Zweigehäusige Gegendruckturbine** (SSW). $N_{el} = 16\,000$ kW, $n = 3000$ U/Min. Überdruck-Bauart mit Gleichdruckregelrad vor dem HD-Teil; massive Trommeln; Drucklager zwischen den beiden Läufern, wobei dessen gedrängte Anordnung in Verbindung mit der Kupplung bemerkenswert ist; Regelventile unter Flur angeordnet; Überlastdampf in eine spätere Stufe des HD-Teiles.

XIX. Entnahmeturbinen.

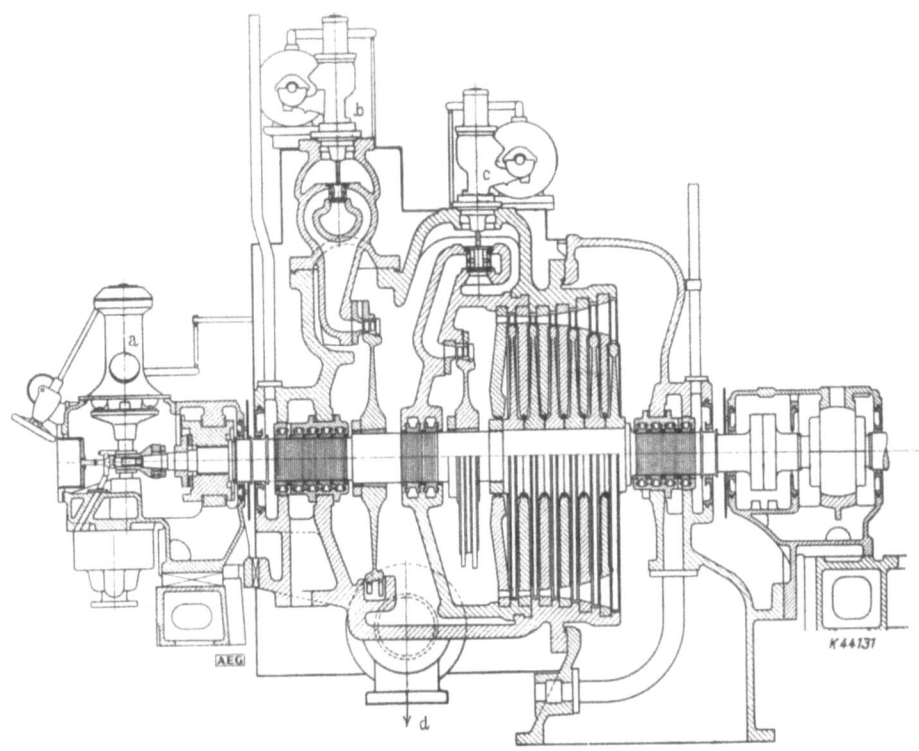

Abb. 158. **Entnahme-Kondensationsturbine (AEG).** *a* Drehzahlregler, *b* Frischdampfregelventile, *c* Anzapfregelventile, *d* Anzapfdampf. Der HD-Teil besteht nur aus einem Curtisrad, der ND-Teil besitzt ein Curtisrad und eine Reihe von Gleichdruckstufen. Der Zwischenboden zwischen HD- und ND-Teil ist oben als Düsenkasten ausgebildet und trägt die Überströmventile *c*; an der Welle ist der Zwischenboden mit einer Stopfbüchse abgedichtet.

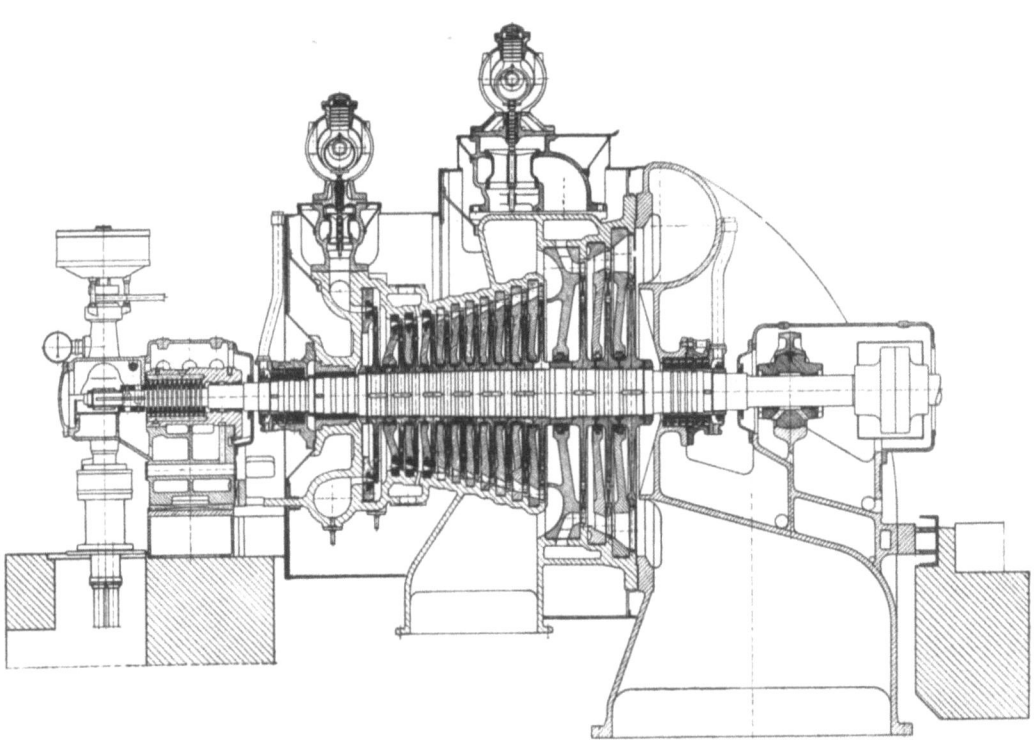

Abb. 159. **Entnahme-Kondensationsturbine** (Wumag). $N_{el} = 6000$ kW, $n = 3000$ U/Min. Frischdampf 24 atü, 375° C, Entnahme von 47 t/h mit 1,2—2,25 ata. Scheibenturbine in Gleichdruckbauart; die Scheiben mit kleinem Durchmesser sind direkt auf die Welle aufgepreßt, die mit größerem Durchmesser sitzen auf Tragringen. Vordere Stopfbüchse als komb. Labyrinth-Kohlering-Stopfbüchse ausgeführt, hinten nur Kohlering-Stopfbüchse.

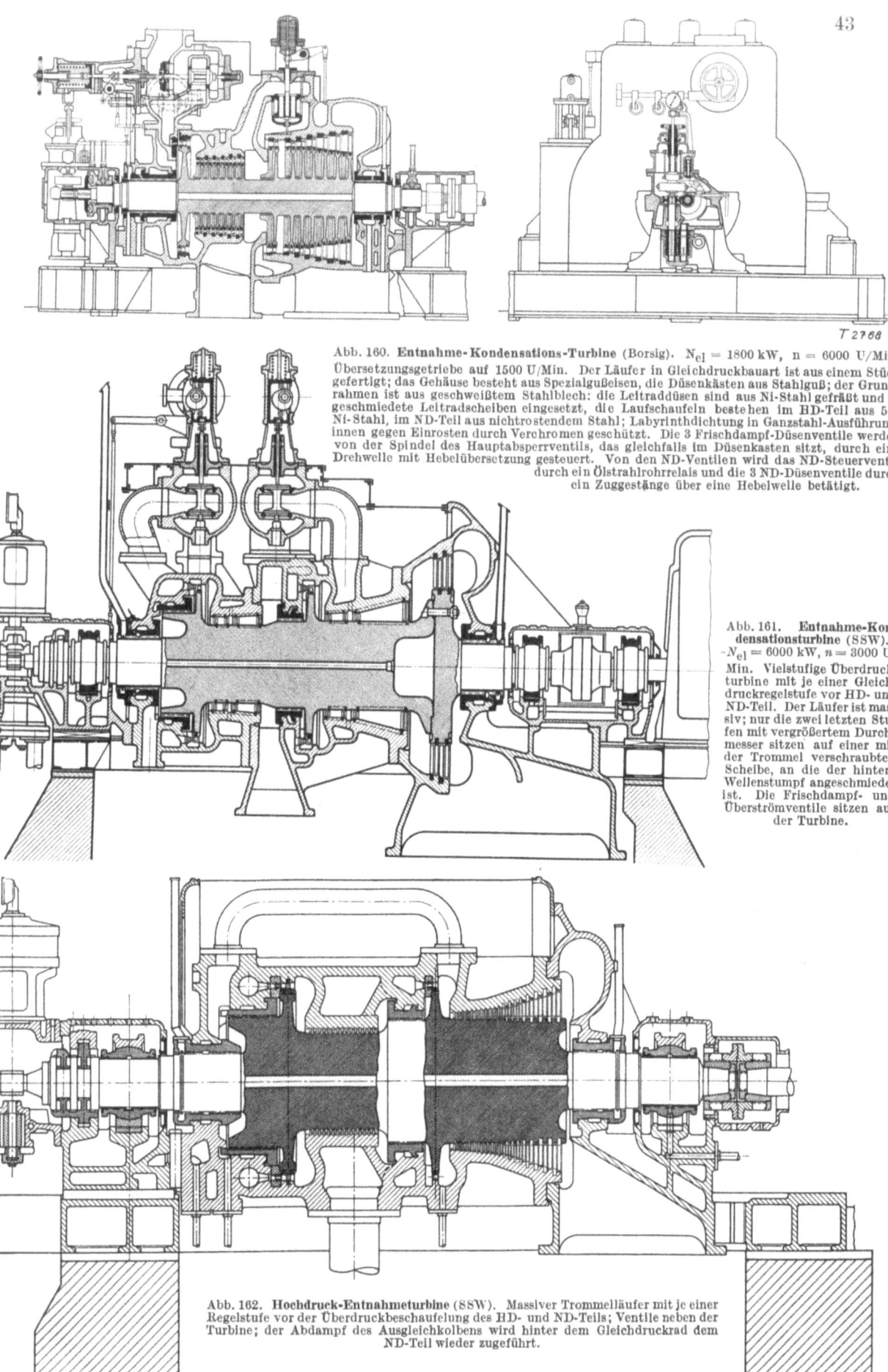

Abb. 160. **Entnahme-Kondensations-Turbine** (Borsig). $N_{el} = 1800$ kW, $n = 6000$ U/Min. Übersetzungsgetriebe auf 1500 U/Min. Der Läufer in Gleichdruckbauart ist aus einem Stück gefertigt; das Gehäuse besteht aus Spezialgußeisen, die Düsenkästen aus Stahlguß; der Grundrahmen ist aus geschweißtem Stahlblech; die Leitraddüsen sind aus Ni-Stahl gefräst und in geschmiedete Leitradscheiben eingesetzt, die Laufschaufeln bestehen im HD-Teil aus 5% Ni-Stahl, im ND-Teil aus nichtrostendem Stahl; Labyrinthdichtung in Ganzstahl-Ausführung, innen gegen Einrosten durch Verchromen geschützt. Die 3 Frischdampf-Düsenventile werden von der Spindel des Hauptabsperrventils, das gleichfalls im Düsenkasten sitzt, durch eine Drehwelle mit Hebelübersetzung gesteuert. Von den ND-Ventilen wird das ND-Steuerventil durch ein Ölstrahlrohrrelais und die 3 ND-Düsenventile durch ein Zuggestänge über eine Hebelwelle betätigt.

Abb. 161. **Entnahme-Kondensationsturbine** (SSW). $N_{el} = 6000$ kW, $n = 3000$ U/Min. Vielstufige Überdruckturbine mit je einer Gleichdruckregelstufe vor HD- und ND-Teil. Der Läufer ist massiv; nur die zwei letzten Stufen mit vergrößertem Durchmesser sitzen auf einer mit der Trommel verschraubten Scheibe, an die der hintere Wellenstumpf angeschmiedet ist. Die Frischdampf- und Überströmventile sitzen auf der Turbine.

Abb. 162. **Hochdruck-Entnahmeturbine** (SSW). Massiver Trommelläufer mit je einer Regelstufe vor der Überdruckbeschaufelung des HD- und ND-Teils; Ventile neben der Turbine; der Abdampf des Ausgleichkolbens wird hinter dem Gleichdruckrad dem ND-Teil wieder zugeführt.

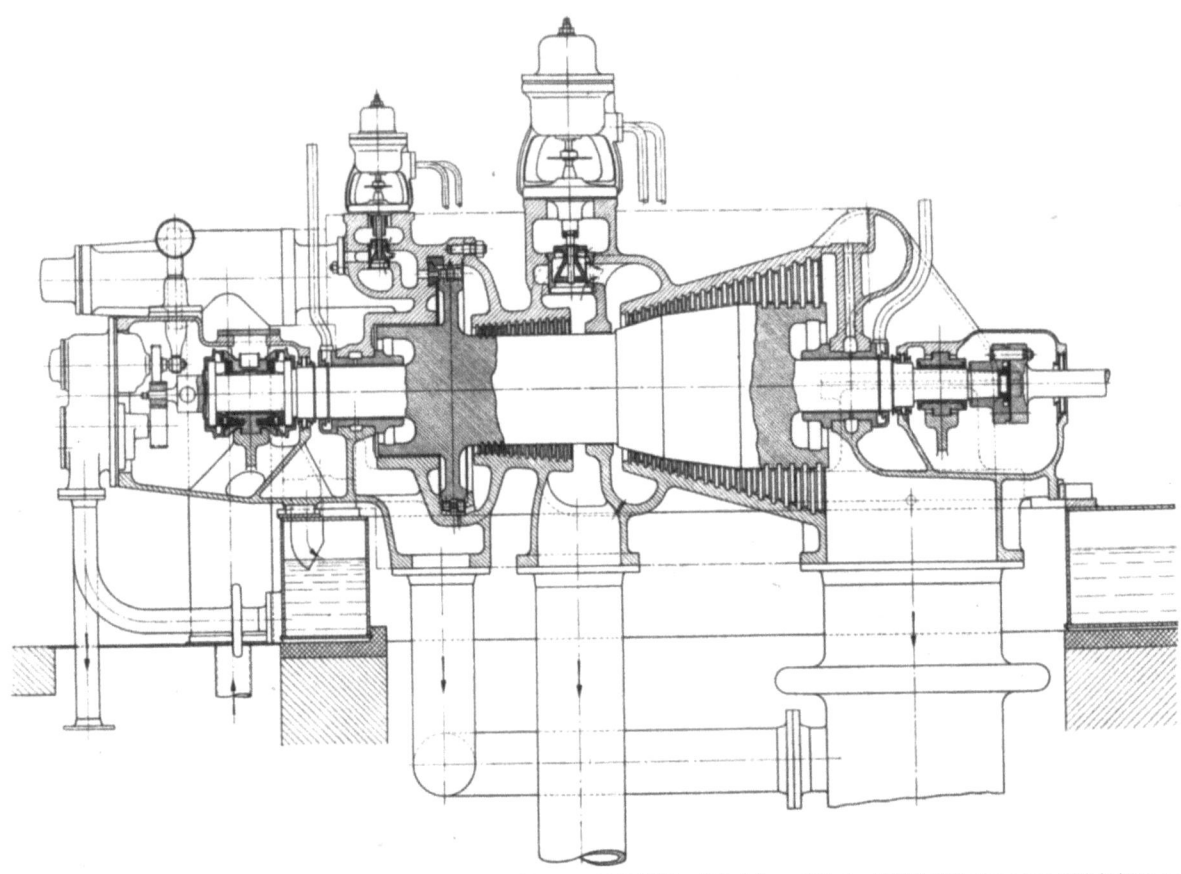

Abb. 163. **Entnahme-Kondensationsturbine** (BBC). $N_{el} = 1500$ kW, $n = 3000$ U/Min. Frischdampf 33 ata, 400° C, Entnahme von 9 t/h bei 2,5 ata. Vielstufiger Massivläufer (bei größeren Ausführungen werden von BBC geschweißte Läufer angewandt); Regulierrad nur vor HD-Teil, Ventile sitzen im Gehäuseoberteil (Zylinderdeckel), das nach dem Curtisrad unterteilt ist, während das Gehäuseunterteil mit den Lagerböcken aus einem Stück ist und direkt auf dem Grundrahmen abgestützt ist.

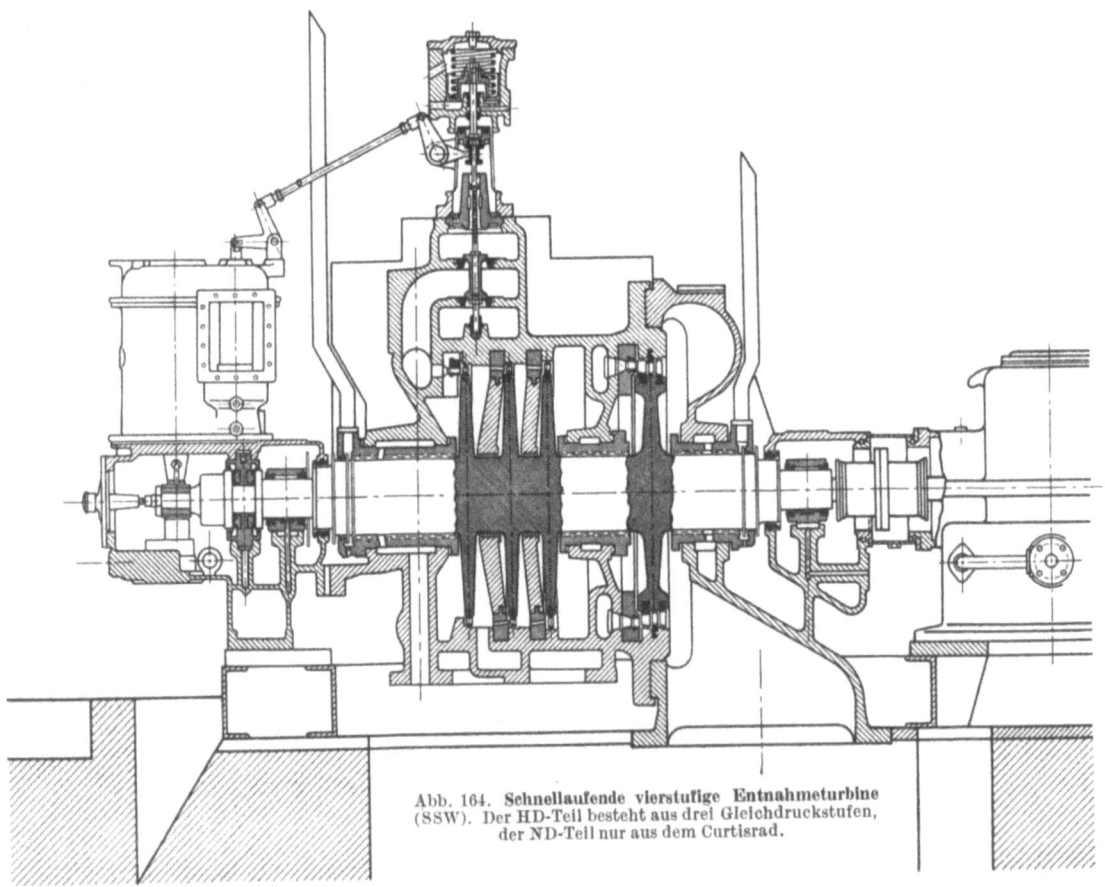

Abb. 164. **Schnellaufende vierstufige Entnahmeturbine** (SSW). Der HD-Teil besteht aus drei Gleichdruckstufen, der ND-Teil nur aus dem Curtisrad.

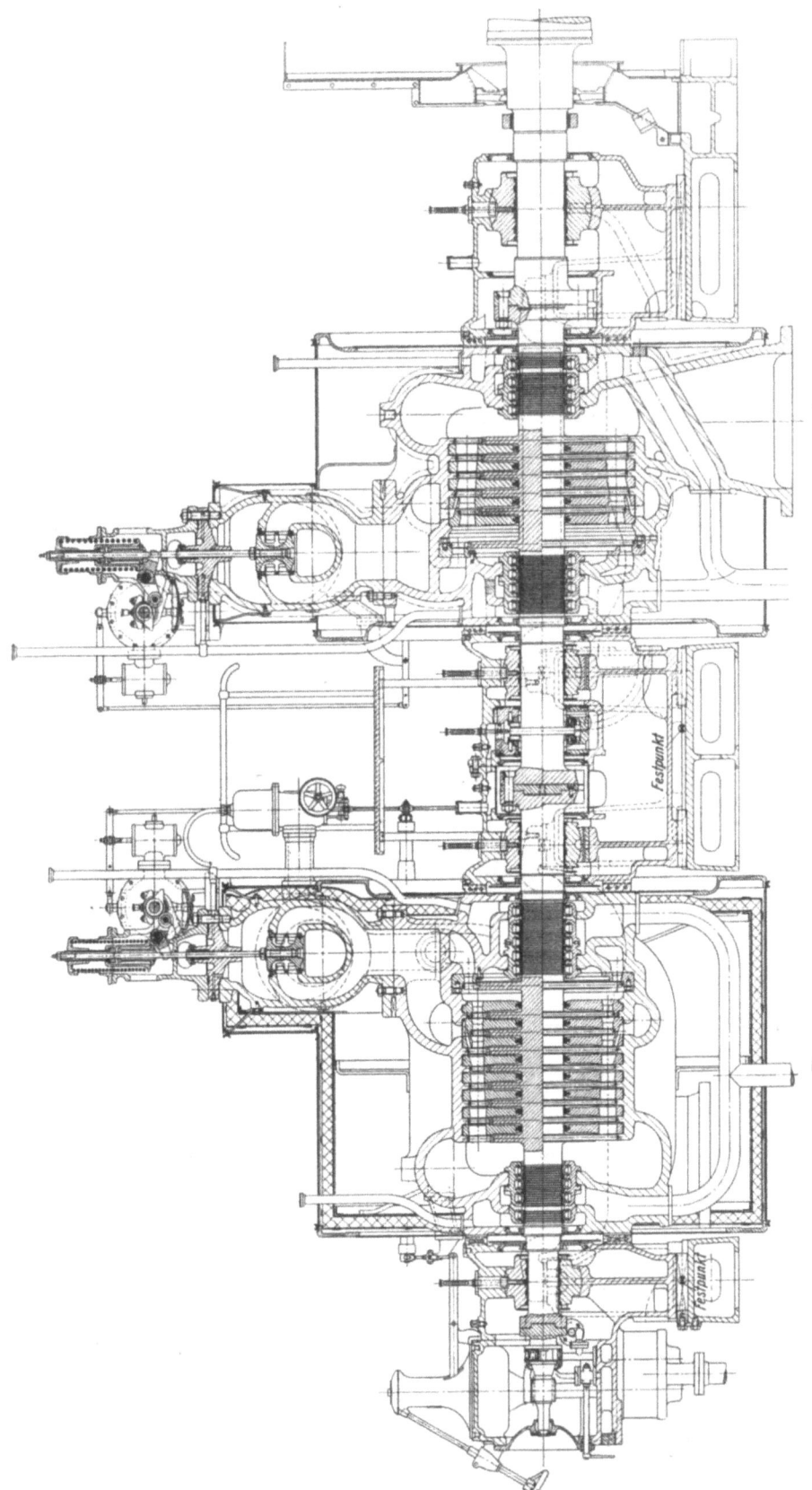

Abb. 105. **Zweigehäusige Anzapf-Gegendruckturbine** (AEG). $N_{el} = 20\,000$ kW, $n = 3000$ U/Min. Reine Gleichdruckscheibenturbine; die beiden Läufer aus dem Vollen sind miteinander starr gekuppelt und durch gemeinsames Drucklager im Mittellagerbock axial festgehalten. Die Ventile sitzen auf dem Gehäuse; die im Schnitt gezeichneten Ventile stellen jeweils die Überlastventile für den HD- (links) bzw. für den ND-Teil (rechts) dar. Die Gehäuse sind vorn und hinten auf den Lagerböcken mit hochgezogenen Pratzen abgestützt (s. Abb. 99).

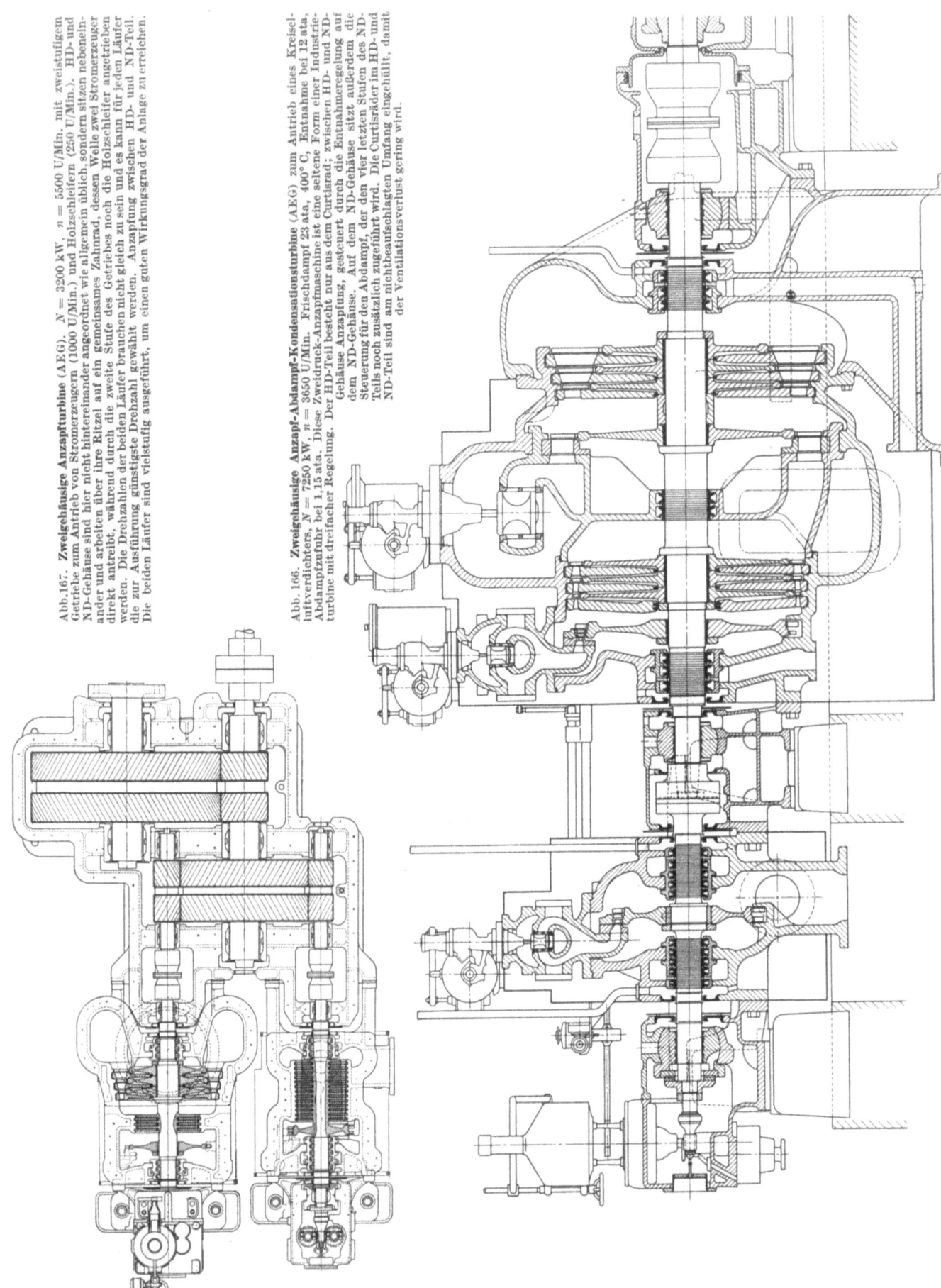

Abb. 167. **Zweigehäusige Anzapfturbine** (AEG). $N = 3200$ kW, $n = 5500$ U/Min. mit zweistufigem Getriebe zum Antrieb von Stromerzeugern (1000 U/Min.) und Holzschleifern (250 U/Min.). HD- und ND-Gehäuse sind hier nicht hintereinander angeordnet wie allgemein üblich, sondern sitzen nebeneinander und arbeiten über ihre Ritzel auf ein gemeinsames Zahnrad, dessen Welle zwei Stromerzeuger direkt antreibt, während durch die zweite Stufe des Getriebes noch die Holzschleifer angetrieben werden. Die Drehzahlen der beiden Läufer brauchen nicht gleich zu sein und es kann für jeden Läufer die zur Ausführung günstigste Drehzahl gewählt werden. Anzapfung zwischen HD- und ND-Teil. Die beiden Läufer sind vielstufig ausgeführt, um einen guten Wirkungsgrad der Anlage zu erreichen.

Abb. 166. **Zweigehäusige Anzapf-Abdampf-Kondensationsturbine** (AEG) zum Antrieb eines Kreisellufverdichters. $N = 7250$ kW, $n = 3650$ U/Min. Frischdampf 23 ata, 400° C, Entnahme bei 12 ata, Abdampfzufuhr bei 1,15 ata. Diese Zweidruck-Anzapfmaschine ist eine seltene Form einer Industrieturbine mit dreifacher Regelung. Der HD-Teil besteht nur aus dem Curtisrad; zwischen HD- und ND-Gehäuse Anzapfung, gesteuert durch die Entnahmeregelung. Auf dem ND-Gehäuse sitzt außerdem die Steuerung für den Abdampf, der den vier letzten Stufen des ND-Teils noch zusätzlich zugeführt wird. Die Curtisräder im HD- und ND-Teil sind am nichtbeaufschlagten Umfang eingehüllt, damit der Ventilationsverlust gering wird.

XX. Schiffsturbinen.

(S. für turboelektrischen Antrieb Abb. 145.)

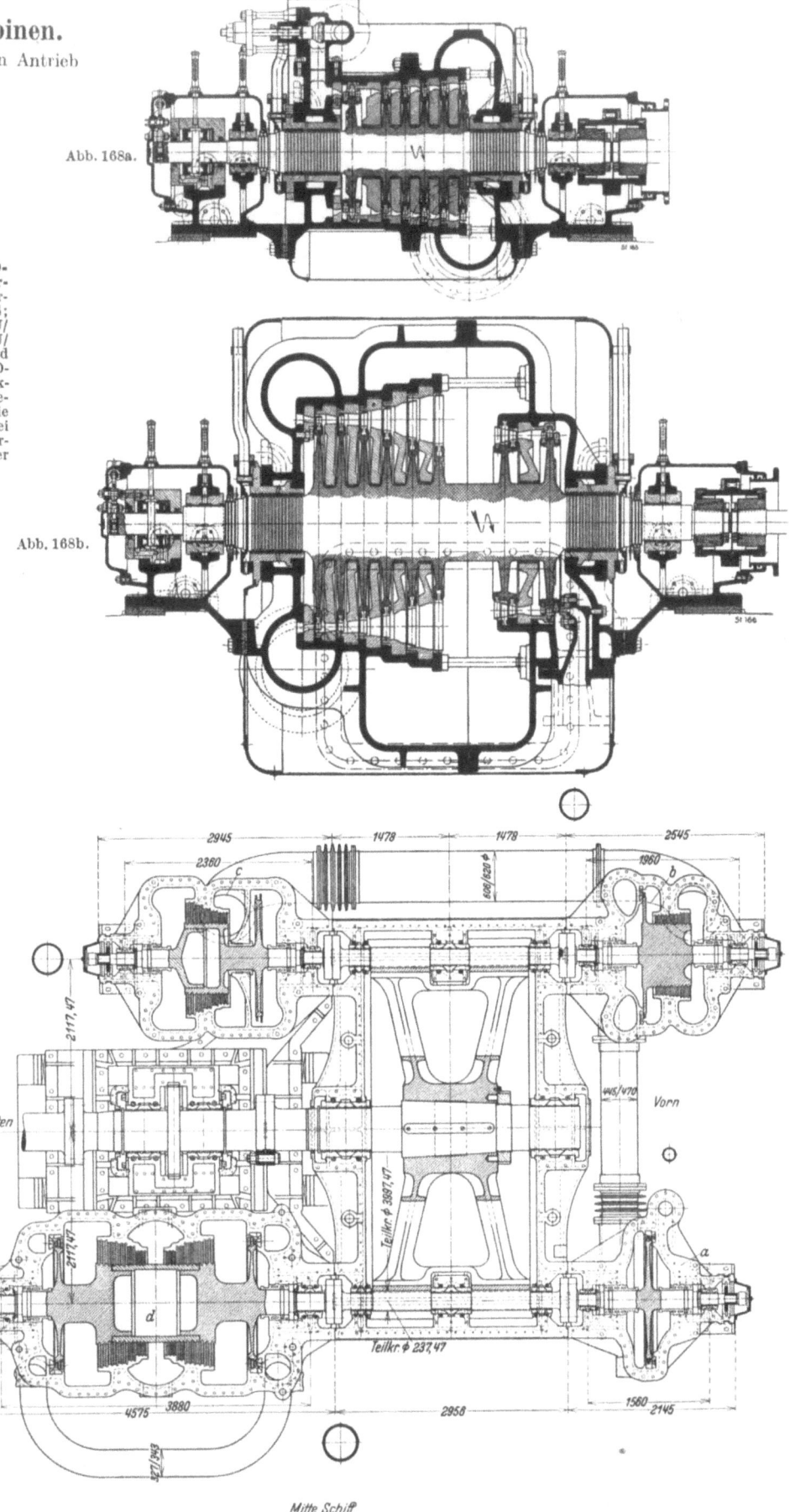

Abb. 168a.

Abb. 168 a und b. **HD- und ND-Turbine einer Schiffsgetriebe-Turbinenanlage** (EWC). Leistung normal 1050 WPS, max. 1500 WPS; a Hochdruckturbine $n = 5800$ U/Min.; b ND-Turbine $n = 4500$ U/Min. HD-Turbine mit Curtisrad und fünf Gleichdruckstufen, ND-Turbine mit sechs Gleichdruckstufen ausgeführt. Im ND-Gehäuse befindet sich außerdem die Rückwärtsturbine, die aus zwei hintereinandergeschalteten Curtisrädern besteht. Beide Läufer sind aus dem Vollen.

Abb. 168b.

Abb. 169. **Viergehäusige Schiffsgetriebeturbine** für ein Fahrgastschiff (Blohm & Voss). Turbinenleistung 18 000 WPS, $n = 2125/152$ U/Min. a HD-Turbine, b MD-Turbine I, c MD-Turbine II mit einem Curtisrad als HD-Rückwärtsturbine, d ND-Turbine mit zwei parallelgeschalteten Curtisrädern als ND-Rückwärtsturbine.

Loschge, Konstruktionen.

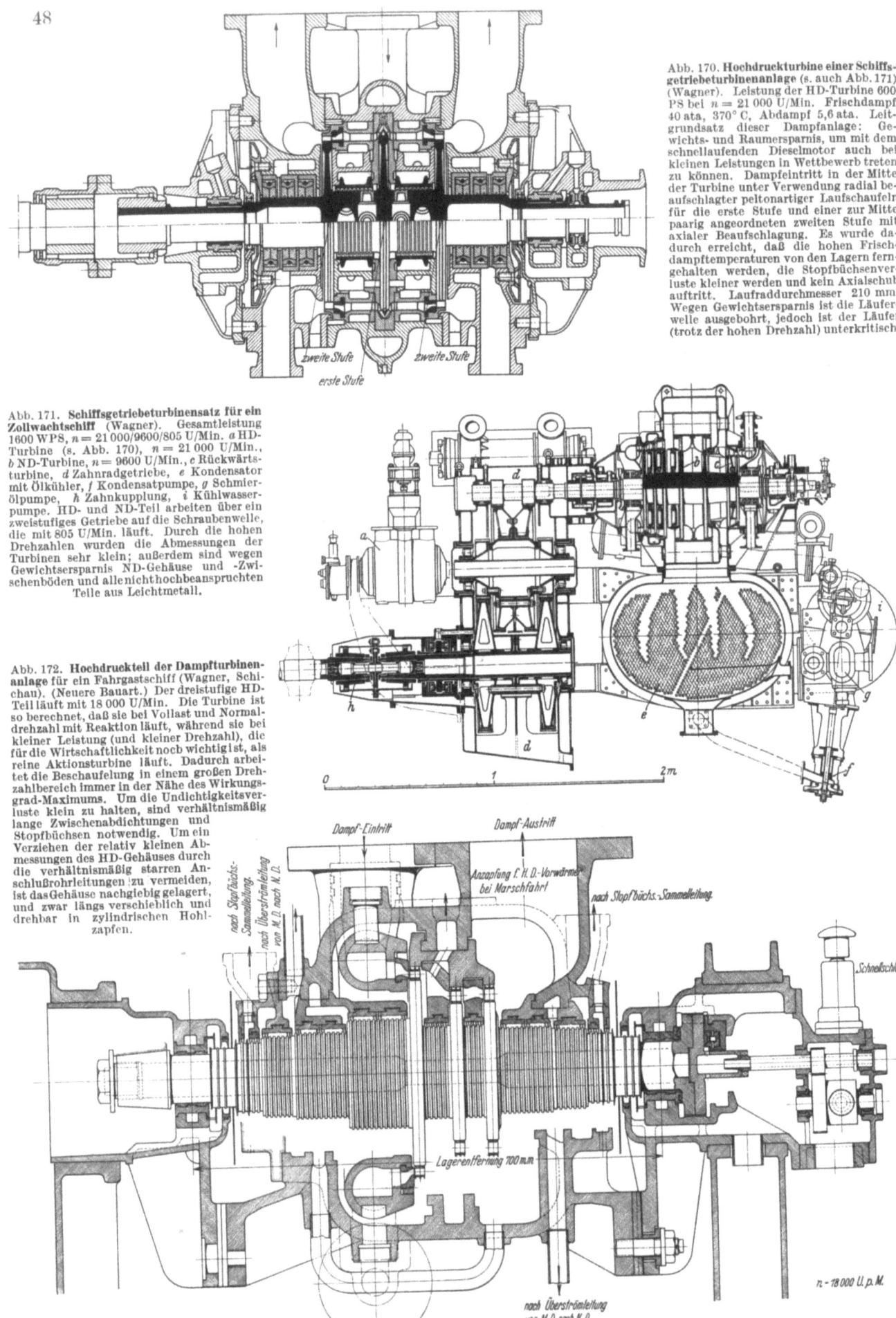

Abb. 170. **Hochdruckturbine einer Schiffsgetriebeturbinenanlage** (s. auch Abb. 171) (Wagner). Leistung der HD-Turbine 600 PS bei $n = 21\,000$ U/Min. Frischdampf 40 ata, 370° C, Abdampf 5,6 ata. Leitgrundsatz dieser Dampfanlage: Gewichts- und Raumersparnis, um mit dem schnellaufenden Dieselmotor auch bei kleinen Leistungen in Wettbewerb treten zu können. Dampfeintritt in der Mitte der Turbine unter Verwendung radial beaufschlagter peltonartiger Laufschaufeln für die erste Stufe und einer zur Mitte paarig angeordneten zweiten Stufe mit axialer Beaufschlagung. Es wurde dadurch erreicht, daß die hohen Frischdampftemperaturen von den Lagern ferngehalten werden, die Stopfbüchsenverluste kleiner werden und kein Axialschub auftritt. Laufraddurchmesser 210 mm. Wegen Gewichtsersparnis ist die Läuferwelle ausgebohrt, jedoch ist der Läufer (trotz der hohen Drehzahl) unterkritisch.

Abb. 171. **Schiffsgetriebeturbinensatz für ein Zollwachtschiff** (Wagner). Gesamtleistung 1600 WPS, $n = 21\,000/9600/805$ U/Min. *a* HD-Turbine (s. Abb. 170), $n = 21\,000$ U/Min., *b* ND-Turbine, $n = 9600$ U/Min., *c* Rückwärtsturbine, *d* Zahnradgetriebe, *e* Kondensator mit Ölkühler, *f* Kondensatpumpe, *g* Schmierölpumpe, *h* Zahnkupplung, *i* Kühlwasserpumpe. HD- und ND-Teil arbeiten über ein zweistufiges Getriebe auf die Schraubenwelle, die mit 805 U/Min. läuft. Durch die hohen Drehzahlen wurden die Abmessungen der Turbinen sehr klein; außerdem sind wegen Gewichtsersparnis ND-Gehäuse und -Zwischenböden und alle nicht hochbeanspruchten Teile aus Leichtmetall.

Abb. 172. **Hochdruckteil der Dampfturbinenanlage für ein Fahrgastschiff** (Wagner, Schichau). (Neuere Bauart.) Der dreistufige HD-Teil läuft mit 18 000 U/Min. Die Turbine ist so berechnet, daß sie bei Vollast und Normaldrehzahl mit Reaktion läuft, während sie bei kleiner Leistung (und kleiner Drehzahl), die für die Wirtschaftlichkeit noch wichtiger ist, als reine Aktionsturbine läuft. Dadurch arbeitet die Beschaufelung in einem großen Drehzahlbereich immer in der Nähe des Wirkungsgrad-Maximums. Um die Undichtigkeitsverluste klein zu halten, sind verhältnismäßig lange Zwischenabdichtungen und -Stopfbüchsen notwendig. Um ein Verziehen der relativ kleinen Abmessungen des HD-Gehäuses durch die verhältnismäßig starren Anschlußrohrleitungen zu vermeiden, ist das Gehäuse nachgiebig gelagert, und zwar längs verschieblich und drehbar in zylindrischen Hohlzapfen.

B. Radialturbinen.
XXI. Ljungströmturbine (Gegenlaufturbine) (ILUNION).

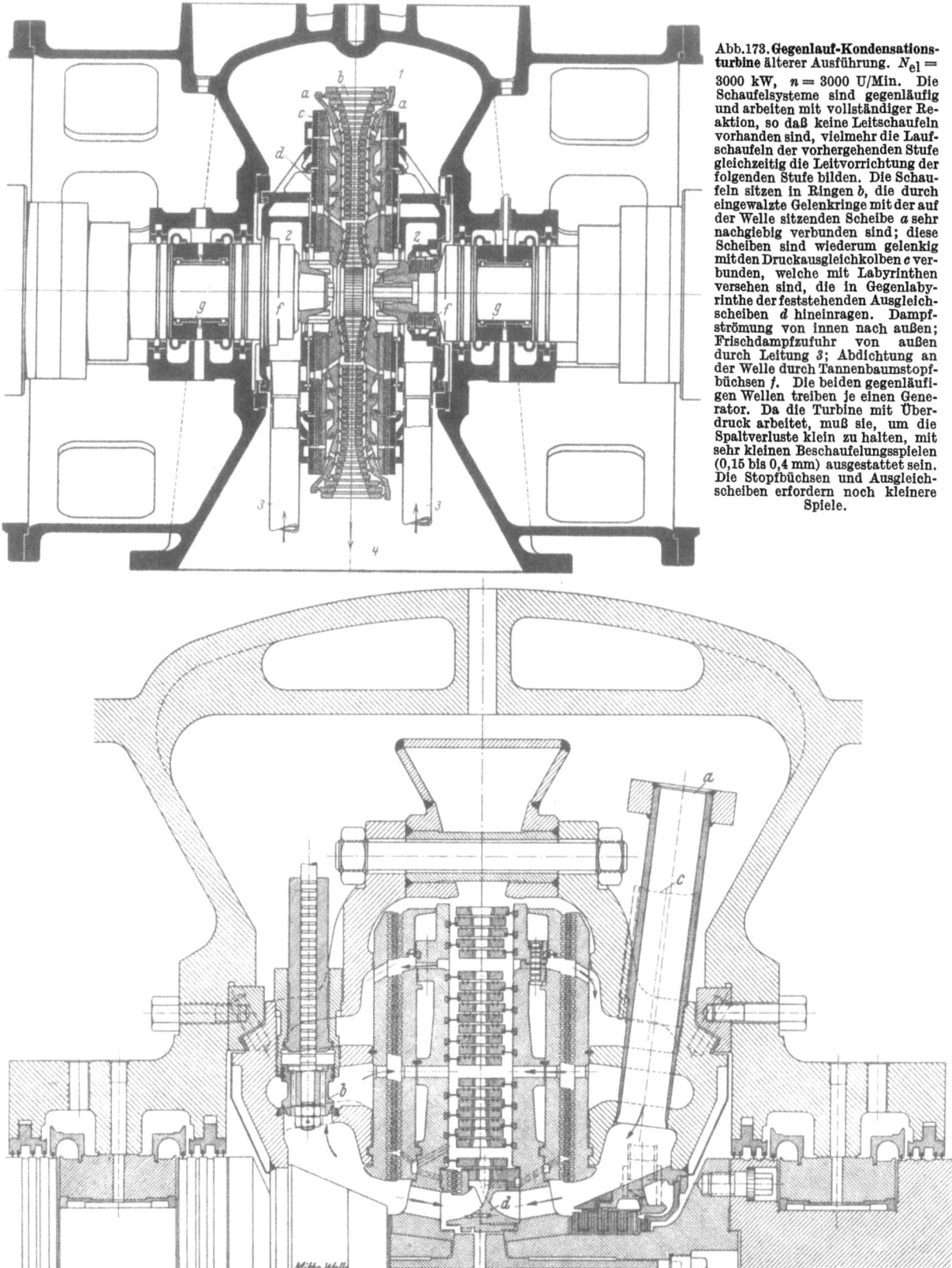

Abb. 173. **Gegenlauf-Kondensationsturbine älterer Ausführung.** N_{el} = 3000 kW, n = 3000 U/Min. Die Schaufelsysteme sind gegenläufig und arbeiten mit vollständiger Reaktion, so daß keine Leitschaufeln vorhanden sind, vielmehr die Laufschaufeln der vorhergehenden Stufe gleichzeitig die Leitvorrichtung der folgenden Stufe bilden. Die Schaufeln sitzen in Ringen b, die durch eingewalzte Gelenkringe mit der auf der Welle sitzenden Scheibe a sehr nachgiebig verbunden sind; diese Scheiben sind wiederum gelenkig mit den Druckausgleichkolben c verbunden, welche mit Labyrinthen versehen sind, die in Gegenlabyrinthe der feststehenden Ausgleichscheiben d hineinragen. Dampfströmung von innen nach außen; Frischdampfzufuhr von außen durch Leitung 3; Abdichtung an der Welle durch Tannenbaumstopfbüchsen f. Die beiden gegenläufigen Wellen treiben je einen Generator. Da die Turbine mit Überdruck arbeitet, muß sie, um die Spaltverluste klein zu halten, mit sehr kleinen Beschaufelungsspielen (0,15 bis 0,4 mm) ausgestattet sein. Die Stopfbüchsen und Ausgleichscheiben erfordern noch kleinere Spiele.

Abb. 174. **Ljungström-Gegendruck-Turbine mit Anzapfung.** N_{el} = 2500 kW, n = 3000 U/Min. a Frischdampfzufuhr, b Überlastventil, c ungesteuerte Anzapfung, d Laufdüsen. Die Turbine hat Laufdüsenregelung (gegenüber den normalen Ausführungen mit Drosselregelung). Die Teilbeaufschlagung wird dadurch erreicht, daß am 1. Schaufelring Zulaufkrümmer (Laufdüsen d) angebracht sind, die abwechselnd von rechts und von links kommen und getrennte Dampfzuführungen haben (rechte und linke Dampfkammer). Die Turbine hat ein besonderes Innengehäuse, das den Dampf vom äußeren Turbinengehäuse vollkommen abschließt, so daß letzteres vom Druck entlastet ist.

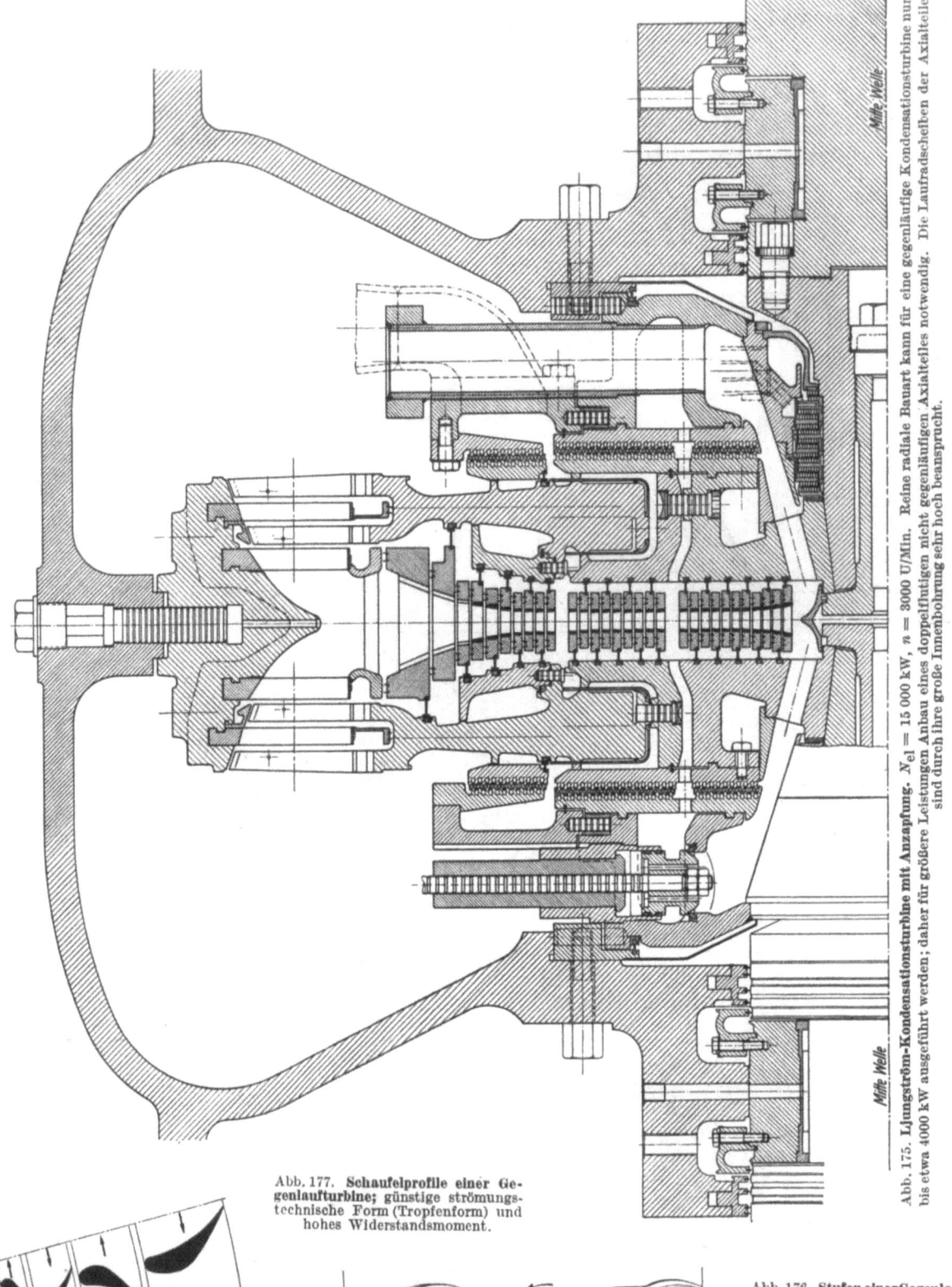

Abb. 175. **Ljungström-Kondensationsturbine mit Anzapfung.** $N_{el} = 15\,000$ kW, $n = 3000$ U/Min. Reine radiale Bauart kann für eine gegenläufige Kondensationsturbine nur bis etwa 4000 kW ausgeführt werden; daher für größere Leistungen Anbau eines doppelflutigen nicht gegenläufigen Axialteiles notwendig. Die Laufradscheiben der Axialteile sind durch ihre große Innenbohrung sehr hoch beansprucht.

Abb. 177. **Schaufelprofile einer Gegenlaufturbine;** günstige strömungstechnische Form (Tropfenform) und hohes Widerstandsmoment.

Abb. 176. **Stufen einer Gegenlaufturbine.** Die Turbinenschaufeln sitzen auf beiden Seiten in Kränzen; um Wärmedehnungen dieser Kränze zuzulassen, erfolgt die Befestigung nicht direkt in der bewegten Turbinenscheibe, sondern über einen Dehnungsring, der hantelförmigen Querschnitt besitzt. Bei Erwärmung und Ausdehnung des Schaufelrings wird der Dehnungsring kegelförmig erweitert. Dieses Dehnungsstück wird in die Turbinenscheibe einerseits und in den Verstärkungskranz andererseits eingewalzt. Die Schaufelkränze besitzen auch noch eingewalzte Dichtungsstreifen aus schmalen Nickelblechen.

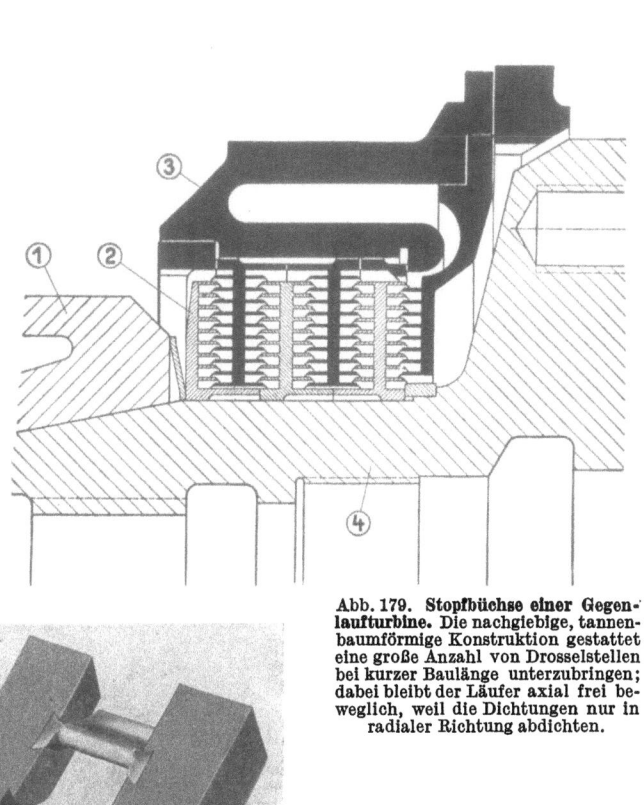

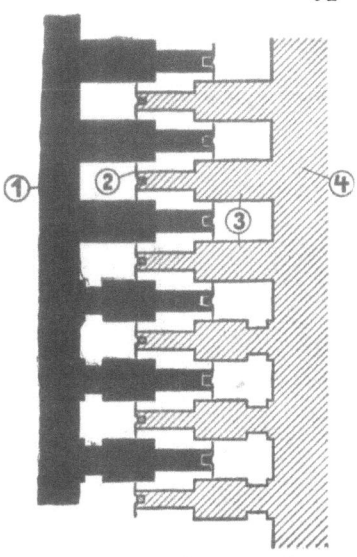

Abb. 179. **Stopfbüchse einer Gegenlaufturbine.** Die nachgiebige, tannenbaumförmige Konstruktion gestattet eine große Anzahl von Drosselstellen bei kurzer Baulänge unterzubringen; dabei bleibt der Läufer axial frei beweglich, weil die Dichtungen nur in radialer Richtung abdichten.

Abb. 180. **Labyrinthdichtung an den Druckausgleichscheiben.** Nickelblechringe sind in die ineinandergreifenden Stege der Ausgleichscheiben eingestemmt.

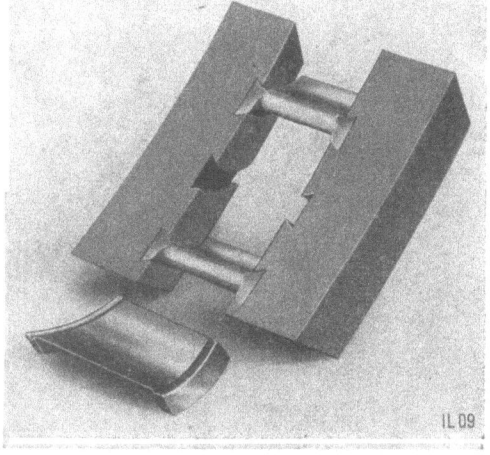

Abb. 178. **Schaufelbefestigung.** Bei kleinem Durchmesser werden die Schaufeln in die Kränze eingeschweißt. Für Ringe mit größerem Durchmesser erhalten die Schaufeln Füße, die in radial sich nach außen verengende, schwalbenschwanzförmige Nuten im Kranz passen, so daß die Schaufeln durch die Fliehkraft fest eingepreßt werden.

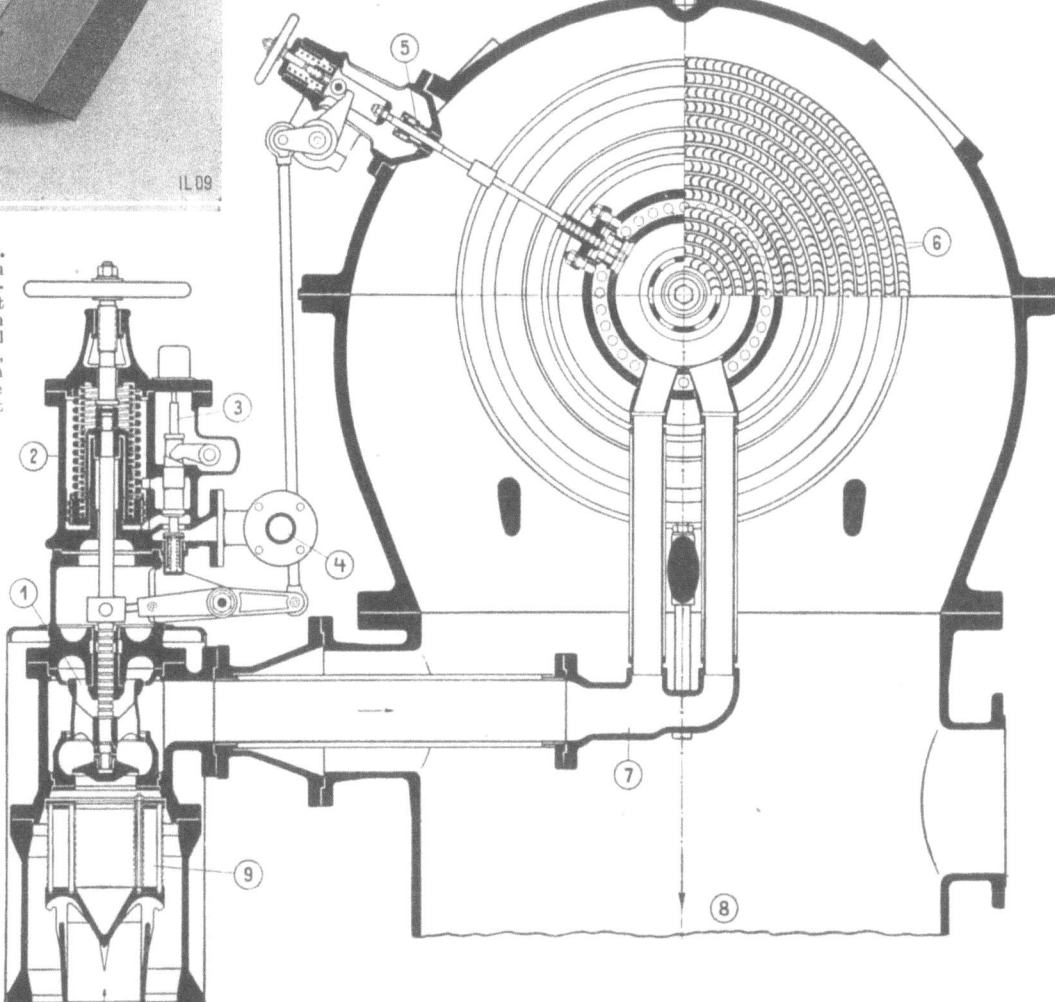

Abb. 181. **Querschnitt durch eine Gegenlaufturbine.** *1* Dampfeinlaßventil, *2* Kraftzylinder, *3* Schnellschlußauslösung, *4* Drucköl von der Zahnradpumpe, *5* Überlastventil, *6* Schaufelkränze, *7* Frischdampfleitung, *8* Abdampfstutzen, *9* Dampfsieb. Das Einlaßventil ist als Einsitzventil ausgeführt; über dem Ventilteller ist bemerkenswerterweise noch ein Drosselkorb angeordnet, um eine feinere Regulierung bei kleinen Dampfmengen zu ermöglichen (s. Abb. 122).

XXII. Siemens-Einfach-Radialturbine (SSW).

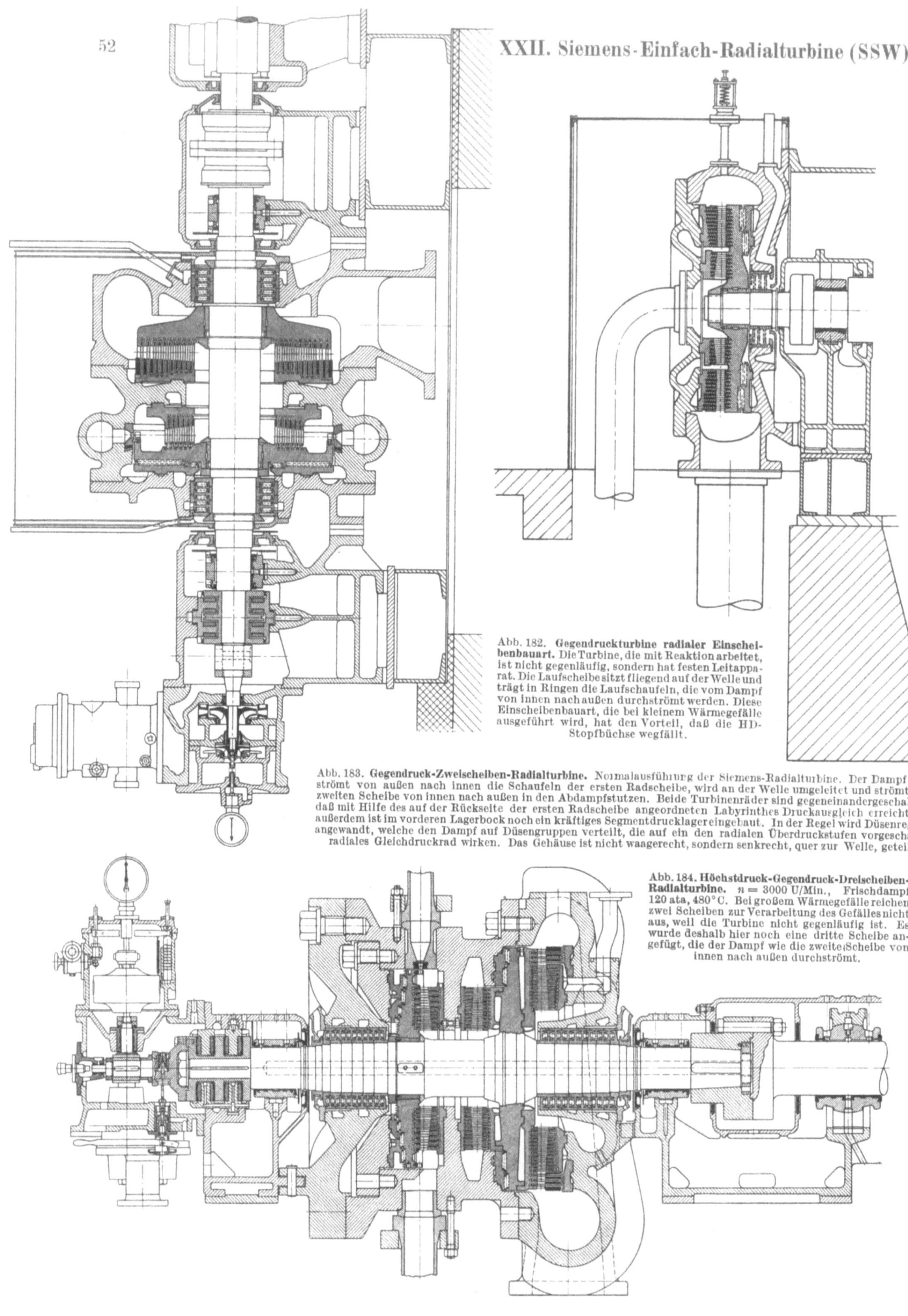

Abb. 182. **Gegendruckturbine radialer Einscheibenbauart.** Die Turbine, die mit Reaktion arbeitet, ist nicht gegenläufig, sondern hat festen Leitapparat. Die Laufscheibe sitzt fliegend auf der Welle und trägt in Ringen die Laufschaufeln, die vom Dampf von innen nach außen durchströmt werden. Diese Einscheibenbauart, die bei kleinem Wärmegefälle ausgeführt wird, hat den Vorteil, daß die HD-Stopfbüchse wegfällt.

Abb. 183. **Gegendruck-Zweischeiben-Radialturbine.** Normalausführung der Siemens-Radialturbine. Der Dampf durchströmt von außen nach innen die Schaufeln der ersten Radscheibe, wird an der Welle umgeleitet und strömt in der zweiten Scheibe von innen nach außen in den Abdampfstutzen. Beide Turbinenräder sind gegeneinandergeschaltet, so daß mit Hilfe des auf der Rückseite der ersten Radscheibe angeordneten Labyrinthes Druckausgleich erreicht wird; außerdem ist im vorderen Lagerbock noch ein kräftiges Segmentdrucklager eingebaut. In der Regel wird Düsenregelung angewandt, welche den Dampf auf Düsengruppen verteilt, die auf ein den radialen Überdruckstufen vorgeschaltetes radiales Gleichdruckrad wirken. Das Gehäuse ist nicht waagerecht, sondern senkrecht, quer zur Welle, geteilt.

Abb. 184. **Höchstdruck-Gegendruck-Dreischeiben-Radialturbine.** $n = 3000$ U/Min., Frischdampf 120 ata, 480° C. Bei großem Wärmegefälle reichen zwei Scheiben zur Verarbeitung des Gefälles nicht aus, weil die Turbine nicht gegenläufig ist. Es wurde deshalb hier noch eine dritte Scheibe angefügt, die der Dampf wie die zweite Scheibe von innen nach außen durchströmt.

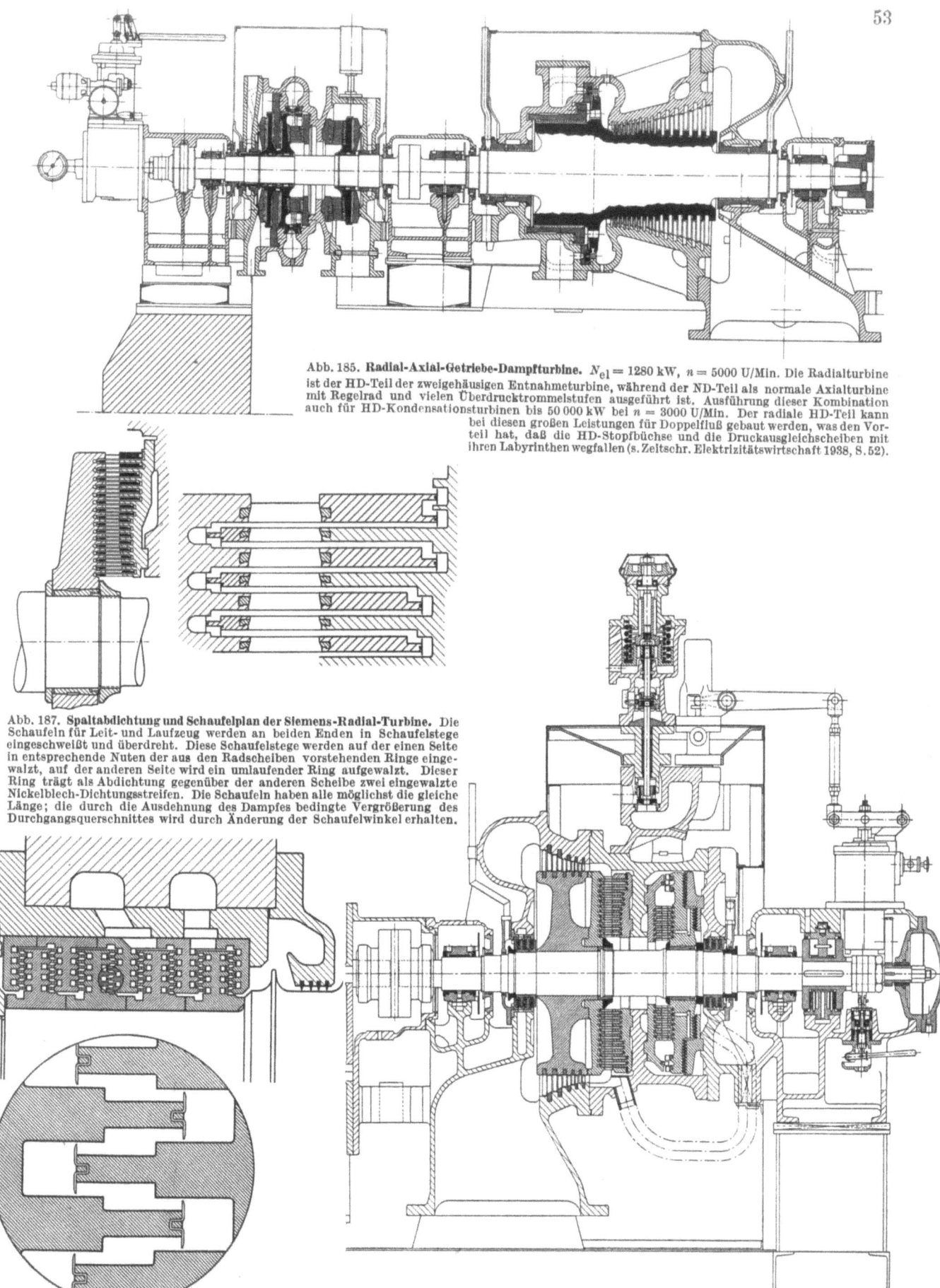

Abb. 185. **Radial-Axial-Getriebe-Dampfturbine.** $N_{el} = 1280$ kW, $n = 5000$ U/Min. Die Radialturbine ist der HD-Teil der zweigehäusigen Entnahmeturbine, während der ND-Teil als normale Axialturbine mit Regelrad und vielen Überdrucktrommelstufen ausgeführt ist. Ausführung dieser Kombination auch für HD-Kondensationsturbinen bis 50 000 kW bei $n = 3000$ U/Min. Der radiale HD-Teil kann bei diesen großen Leistungen für Doppelfluß gebaut werden, was den Vorteil hat, daß die HD-Stopfbüchse und die Druckausgleichscheiben mit ihren Labyrinthen wegfallen (s. Zeitschr. Elektrizitätswirtschaft 1938, S. 52).

Abb. 187. **Spaltabdichtung und Schaufelplan der Siemens-Radial-Turbine.** Die Schaufeln für Leit- und Laufzeug werden an beiden Enden in Schaufelstege eingeschweißt und überdreht. Diese Schaufelstege werden auf der einen Seite in entsprechende Nuten der aus den Radscheiben vorstehenden Ringe eingewalzt, auf der anderen Seite wird ein umlaufender Ring aufgewalzt. Dieser Ring trägt als Abdichtung gegenüber der anderen Scheibe zwei eingewalzte Nickelblech-Dichtungsstreifen. Die Schaufeln haben alle möglichst die gleiche Länge; die durch die Ausdehnung des Dampfes bedingte Vergrößerung des Durchgangsquerschnittes wird durch Änderung der Schaufelwinkel erhalten.

Abb. 188. **Außenstopfbüchse der SSW-Radialturbine.** Der Aufbau ist, ähnlich wie derjenige der Ljungströmstopfbüchse, sehr elastisch und gestattet auf kürzester Baulänge sehr viele Dichtungsstellen unterzubringen, die nur radial abdichten, so daß der Läufer axial frei beweglich bleibt.

Abb. 186. **Eingehäusige kombinierte Radial-Axial-Kondensationsturbine.** Diese Anordnung mit axial ausgeführtem ND-Teil ist geeignet für Hilfsmaschinen, bei denen es nicht so sehr auf hochwertige Ausnützung des Dampfes ankommt. Vor die radialen Überdruckstufen im HD-Teil ist ein gleichfalls radiales zweikränziges Regulierrad geschaltet.

Quellenverzeichnis.

Bücher:
Church: Steam Turbines. New York: McGraw-Hill Book Company 1935.
Dubbel: Taschenbuch für den Maschinenbau II. Berlin: Julius Springer 1935.
Flügel: Die Dampfturbinen. Leipzig: Johann Ambrosius Barth 1931.
Karraß: Die Bauteile der Dampfturbinen. Berlin: Julius Springer 1927.
Kraft: Die Dampfturbine im Betrieb. Berlin: Julius Springer 1935.
— Die neuzeitliche Dampfturbine. 2. Auflage. Berlin: VDI-Verlag 1930.
Stodola: Dampf- und Gasturbinen. Berlin: Julius Springer 1924.
Zietemann: Dampfturbinen. Berlin: Julius Springer 1930.
Gesamtbericht: 2. Weltkraftkonferenz, Bd. V, Berlin: VDI-Verlag 1930.

Zeitschriften:
Engineering, London.
Mechanical Engineering, New York.
Power, New York.
Werft, Reederei, Hafen, Berlin.
Zeitschrift des VDI, Berlin.

Firmen-Zeitschriften:
AEG-Mitteilungen.
BBC-Nachrichten.
Escher Wyss-Mitteilungen.
Siemens-Zeitschrift.
Firmen-Druckschriften und -Zeichnungen.

Abgekürzte Firmenbezeichnungen.

AEG	= Allgemeine Elektrizitäts-Gesellschaft, Berlin.
BBC	= Brown Boveri & Cie., Mannheim.
Borsig	= Rheinmetall-Borsig A.-G./Werk Borsig, Berlin-Tegel.
English Electric	= The English Electric Co Ltd., Rugby (England).
EBM	= Erste Brünner Maschinen-Fabriks-Gesellschaft, Brünn (Tschechoslowakei).
EWC	= A.-G. Escher Wyss & Cie., Zürich (Schweiz).
GEC	= General Electric Co., Schenectady (V. St. A.).
ILUNION	= Internationale Ljungströmturbinen-Union A.-G. Basel (Schweiz), Nürnberg.
Krupp	= Friedrich Krupp A.-G., Germaniawerft, Kiel-Gaarden.
MAN	= Maschinenfabrik Augsburg-Nürnberg A.-G., Nürnberg.
Metro-Vickers	= Metropolitan-Vickers Electrical Co., Ltd. Manchester (England).
C. A. Parsons	= C. A. Parsons & Co., Ltd., Newcastle on Tyne (England).
SSW	= Siemens Schuckert-Werke A.-G., Berlin-Siemensstadt.
Sulzer	= Gebrüder Sulzer A.-G., Ludwigshafen a. Rh.
Westinghouse	= Westinghouse Electric & Manufactoring Co., Philadelphia (V. St. A.).
Wagner	= Wagner-Hochdruck-Dampfturbinen A.-G., Hamburg.
Wumag	= Waggon & Maschinenbau A.-G., Görlitz.

MIX
Papier aus verantwortungsvollen Quellen
Paper from responsible sources
FSC® C105338

If you have any concerns about our products,
you can contact us on
ProductSafety@springernature.com

In case Publisher is established outside the EU,
the EU authorized representative is:
**Springer Nature Customer Service Center GmbH
Europaplatz 3, 69115 Heidelberg, Germany**

Printed by Libri Plureos GmbH
in Hamburg, Germany